Michael Nießing

Bedeutung von Blutbestandteilen für die Funktion des Zentralnervensystems des Blutegels

Nießing, Michael: Bedeutung von Blutbestandteilen für die Funktion des Zentralnervensystems des Blutegels. Hamburg, Bachelor + Master Publishing 2014
Originaltitel der Abschlussarbeit: Bedeutung von Blutbestandteilen für die Funktion des Zentralnervensystems des Blutegels: Significance of Blood Components for the Function of the Leech Central Nervous System

Buch-ISBN: 978-3-95820-138-5
PDF-eBook-ISBN: 978-3-95820-638-0
Druck/Herstellung: Bachelor + Master Publishing, Hamburg, 2014
Covermotiv: © Kobes · Fotolia.com
Zugl. Heinrich-Heine-Universität Düsseldorf, Düsseldorf, Deutschland, Diplomarbeit, September 2011

Bibliografische Information der Deutschen Nationalbibliothek:
Die Deutsche Nationalbibliothek verzeichnet diese Publikation in der Deutschen Nationalbibliografie; detaillierte bibliografische Daten sind im Internet über http://dnb.d-nb.de abrufbar.

© Bachelor + Master Publishing, Imprint der Diplomica Verlag GmbH
Hermannstal 119k, 22119 Hamburg
http://www.diplomica-verlag.de, Hamburg 2014
Printed in Germany

Inhaltsverzeichnis

1 Einleitung

1.1 Anatomie und Physiologie des Blutegels

Die Blutegel der Gattung *Hirudo* sind ursprünglich in Eurasien und Vorderafrika heimische parasitische Ringelwürmer. Das natürliche Habitat sind flache, nährstoffarme Gewässer wie die Uferbereiche von Fließgewässern und Seen, Sumpfland und andere feuchte Landbiotope, selten auch Brackwasserzonen im Mündungsbereich von Flüssen.

Abbildung 1: Habitus von *Hirudo verbana*. (Foto aus Wüsten 2003).

Der Körper des Blutegels ist unbeborstet, im ungestreckten Zustand 3 bis 5 cm und im gestreckten Zustand bis zu 15 cm lang (Abb. 1). Der Körper ist segmentiert, wobei die äußeren Ringe (Annuli) nicht die tatsächliche Segmentierung abbilden. Das Coelom ist sekundär reduziert und mit Bindegewebe verwachsen. Der Hautmuskelschlauch besteht aus Ring-, Quer-, Längs- und Dorsoventralmuskeln und ist kräftig ausgeprägt. Am vorderen und hinterem Körperende verfügt *Hirudo* über zwei muskulöse Saugnäpfe, die zur Fortbewegung und Anhaftung an Oberflächen dienen. Der vordere Saugnapf (Mundsaugnapf) verfügt über drei kräftige zahnbewehrte Kiefer, mit der die Haut von Wirtstieren durchbissen werden kann. Blutegel parasitieren an allen zur Verfügung stehenden Wirbeltieren und nehmen meist mehrere ml Blut pro Mahlzeit auf. *Hirudo* ist zwittrig und eierlegend und wird mit etwa 3 Jahren geschlechtsreif. Blutegel können bis zu 20 Jahre alt werden. (Sawyer 1986, Mehlhorn & Piekarski 2002)

Der Blutegel besitzt ein geschlossenes Blutgefäßsystem mit vier großen Hauptgefäßen (Dorsal- und Ventralgefäß sowie zwei Lateralgefäße), die das Tier in Längsrichtung durchziehen und durch zahlreiche kleinere Gefäße miteinander verbunden sind. Die von Muskulatur umhüllten

Lateralgefäße bilden die Herzröhren des Egels, die durch rhythmische Kontraktionen für einen kontinuierlichen Blutfluss sorgen (Kristan et al. 2005).

Die prominenteste Art der Gattung *Hirudo* ist der medizinische Blutegel *Hirudo medicinalis*. Der ungarische Blutegel wurde lange als dessen Unterart *Hirudo medicinalis* var. *verbana* angesehen. Nach neueren molekulargenetischen Untersuchungen wird er jedoch jetzt als eigene Art *Hirudo verbana* betrachtet (Trontelj et al. 2004, Siddall et al. 2007). Ungeachtet des taxonomischen Status' wird in dieser Arbeit die Bezeichnung *Hirudo verbana* verwendet.

1.2 Das Nervensystem von *Hirudo*

Das Zentralnervensystem (ZNS) des Blutegels ist segmentiert und wird als Variante des Strickleiternervensystems aufgefasst. Es besteht aus 34 Ganglien, von denen die ersten 6 zu einem Kopfganglion und die letzten 7 zu einem Analganglion verschmolzen sind. Die restlichen 21 Ganglien bilden als Segmentalganglien das Bauchmark, das im ventralen Blutgefäß des Tieres lokalisiert ist. Die Segmentalganglien sind durch paarige Konnektive und den Faivre'schen Nerv miteinander sowie durch je 2 Paare von Seitenwurzeln mit ihren Effektororganen verbunden. Jedes Segmentalganglion lässt sich einem Körpersegment zuordnen. Das Nervensystem ist unvaskularisiert, wird aber aufgrund seiner Lage ständig von Blut umspült (Sawyer 1986).

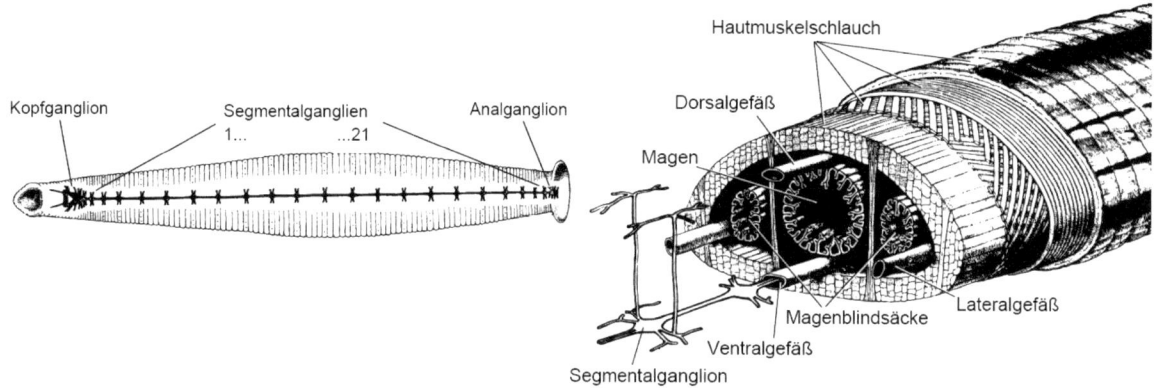

Abbildung 2: Zentralnervensystem des Blutegels. Anatomie und Lage im Körper.
links: Ventralansicht mit der Lage von Kopf- und Analganglion sowie der 21 Segmentalganglien (nach Gillon & Wallace 1984).
rechts: Aufrisszeichnung mit Hautmuskelschlauch, Verdauungstrakt, den großen Blutgefäßen und Segmentalganglien-Kette im Ventralgefäß (aus Nicholls & van Essen 1974)

Die einzelnen Segmentalganglien haben ein Querschnitt von ~500 µm und sind stereotyp aufgebaut. Das Ganglion als ganzes ist von einer Bindegewebskapsel umgeben. Die ~ 400 außen liegenden Neuronzellkörper sind in 6 Paketen angeordnet, die neben Neuronen je eine große, stark verzweigte Paketgliazelle und eine Vielzahl von Mikrogliazellen enthalten. Das Neuropil im Inneren des

4

Ganglions enthält Axone und Dendriten der Neuronen, die hier synaptische Kontakte ausbilden, sowie zwei große, verzweigte Neuropil-Gliazellen. Von diesem schematischen Aufbau weichen lediglich das fünfte und sechste Segmentalganglion, die die Geschlechtsorgane innervieren, mit insgesamt ~ 700 Neuronen ab.

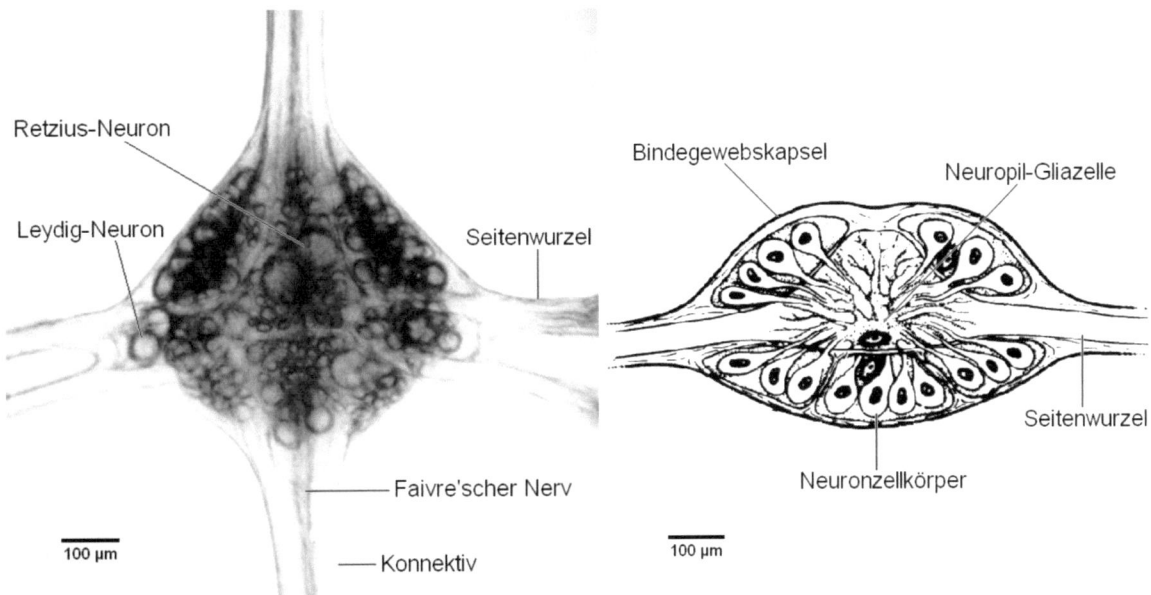

Abbildung 3: Segmentalganglion des Blutegels.
    links: Durchlichtaufnahme von ventral (aus Nicholls & Baylor 1968); anterior oben, posterior unten. Deutlich erkennbar sind die Konturen der Neuronzellkörper. Die Packetgrenzen erscheinen als hellere, zellfreie Bereiche. Die Konnektive und der Faivre'sche Nerv verbinden die Segmentalganglien miteinander, die paarigen Seitenwurzeln verbinden das Segmentalganglion mit der Peripherie.
    rechts: Schemazeichnung Querschnitt (Nicholls & van Essen 1974, nach Coggeshall & Fawcett 1964). Das Neuropil im Zentrum enthält Axone und Dendriten der außen liegenden Neuronzellkörper. Die Bindegewebskapsel umgibt das Ganglion.

Im Kontext dieser Arbeit sind zwei Typen von Nervenzellen von besonderer Bedeutung. Die zentral gelegenen, paarigen Retzius-Neuronen sind mit einem Soma von 50 – 80 µm Durchmesser die größten Neuronen des Egels („kolossale Ganglienzelle", Retzius 1891). Sie sind miteinander elektrisch gekoppelt, feuern spontan Aktionspotentiale und sind beteiligt an der Koordination der Schwimmbewegung, Kontrolle des Muskeltonus und der Schleimsekretion (Carretta 1988). Die Leydig-Neuronen sind deutlich kleiner und liegen peripher vor der Gabelung der Seitenwurzeln. Auch sie feuern spontan Aktionspotentiale und sind beteiligt an der Modulation des Herzschlags durch Steuerung der Kontraktion der Lateralgefäße (Arbas & Calabrese 1990).

1.3 Blutzusammensetzung von *Hirudo*

Die Zusammensetzung des Blutes von *Hirudo* wurde mehrfach untersucht. Die vorhandenen

Analysen sind inkonsistent; Haltungsbedingungen, Methodik der Blutentnahme und Analyseergebnisse variieren teilweise stark.

Nicholls & Kuffler (1964) bestimmten den Gehalt von Na^+ zu ~ 130 mM und den von K^+ zu ~ 4 mM, trafen aber keine Aussage zu den vorhandenen Anionen. Boroffka (1968) bestimmte die ionale Zusammensetzung des Blutes mit 125 mM Na^+ und 36 mM Cl^-. Somit bestand ein Defizit von ~ 90 mM negativer Ladungen, das auf das mögliche Vorhandensein mehrwertiger Anionen zurückgeführt wurde. Zur Klärung dieses Umstands wurde eine Suche nach verschiedenen Verbindungen durchgeführt, die zum Ergebnis hatte, dass organische Säurereste die wichtigsten Anionen im Blut von *Hirudo medicinalis* darstellen (Zerbst-Boroffka 1970). Demnach enthält es unter anderem Citrat, Laktat, Fumarat und Succinat, jeweils in Konzentrationen zwischen 5 und 15 mM. Das Anionendefizit konnte somit im Rahmen der Messunsicherheit als geklärt betrachtet werden.

Tabelle 1: Blutzusammensetzung von *Hirudo* im Ruhezustand. Literaturdaten, gekürzt. Eine vollständige Zusammenstellung findet sich in Tab. 16 im Anhang. Konzentrationen in mmol/l, Osmolarität in mOsm/l.

Parameter	Nicholls & Kuffler (1964)	Boroffka (1968)	Zerbst-Boroffka (1970)	Zebe et al. (1981)	Hildebrandt & Oeschger (1987)	Hoeger et al. (1989)	Hildebrandt & Zerbst-Boroffka (1992)	Nieczaj & Zerbst-Boroffka (1993)
$[Na^+]$	130	125	136	–	–	–	125	125
$[K^+]$	4,1	–	6,0	–	–	–	5,7	6,5
$[Ca^{2+}]$	–	–	–	–	–	–	0,5	0,5
$[Mg^{2+}]$	–	–	–	–	–	–	0,6	0,5
$[Cl^-]$	–	36	–	–	–	–	41	40
[Citrat]	–	–	5,1	0,29	< 0,2	–	< 0,1	0,2
[α-Ketoglutarat]	–	–	1,5	1,3		3,7	3,2	2,9
[Laktat]	–	–	14	2,3	3…7	1,1	< 1,0	5,1
[Pyruvat]	–	–	0,09	–	–	–	0,2	0,3
[Fumarat]	–	–	10	1,3	1…2	3,5	2,2	2,4
[Succinat]	–	–	15	1,4	3…5	0,9	0,6	2,1
[Malat]	–	–	–	9,4	7…13	28	15	12
[Glukose]	–	–	–	0,3	–	–	–	–
Osmolarität	202	–	–	–	–	–	200	201
pH	–	–	7,42	–	–	–	7,75	7,6

Zebe et al. (1981) untersuchten Stoffwechselvorgänge des Blutegels in Umgebungen mit verschiedenem Sauerstoffgehalt. Sie kamen zu dem Ergebnis, dass unter normoxischen

Bedingungen ~ 9 mM Malat als einziges organisches Anion in relevanter Konzentration vorhanden ist. Somit bestand erneut ein starkes Aniondefizit. Dieses Ergebnis wurde von Hildebrandt & Oeschger (1987) weitestgehend bestätigt. Wenning & Hoeger (1987) bestätigten erneut Malat als wichtigstes organisches Kation, fanden jedoch eine Gesamtkonzentration organischer Säurereste äquivalent zu ~ 83 mM einfach negativer Ladungen, womit das Anionendefizit erneut als geschlossen betrachtet wurde. Hoeger et al. (1989) bestätigten dieses Ergebnis, stellten aber fest, dass die Blutzusammensetzung offenbar stark von der Methode der Blutentnahme beeinflusst wird. Versuche zum Energiestoffwechsel von Hildebrandt & Zerbst-Boroffka (1992) und Nieczaj & Zerbst-Boroffka (1993) bestätigten im wesentlichen diese Daten, und stellten zudem fest, dass die Zusammensetzung des Blutes abhängig ist von der Salinität des Wassers und dem CO_2-Gehalt der Luft, in der die Egel gehalten wurden. Die von Zerbst-Boroffka (1970) erhobenen Daten ähneln der Blutzusammensetzung nach starker Muskeltätigkeit oder nach mehrstündigem Aufenthalt in Salzwasser. Die genannten Literaturdaten sind gekürzt in Tabelle 1 und vollständig in Tabelle 16 im Anhang zusammengestellt.

Zusammenfassend lässt sich nach aktueller Datenlage zur Zusammensetzung des Blutegelblutes feststellen, dass Malat mit ~ 15 mM das häufigste Anion, Na^+ mit ~ 130 mM das häufigste Kation ist.

1.4 Wirkung von Aufbewahrungsmedien auf isolierte Segmentalganglien

In an den Blutegel angepasster Ringerlösung („Normalsalzlösung") beträgt die Lebensdauer isolierter Segmentalganglien etwa einen Tag (Lucht 1997, Falkenberg 2009). Isolierte Neuronen überleben in Ringerlösung ~ 2 Tage (Nicholls 1987).

Die Inkulturnahme isolierten Blutegel-Segmentalganglien oder Neuronen ist eine etablierte Arbeitstechnik. Als Kulturmedium wurde Leibovitz-Medium L-15 zum ersten Mal bei Miyazaki et al. (1975) für diesen Zweck verwendet. L-15-Medium ist ein Gewebekulturmedium, das zur Kultivierung von neuronalem Gewebe, aber auch von Invertebraten-Zelllinien geeignet ist (Morton 1970). Es enthält anorganische Salze (Na^+, Cl^-, K^+, Mg^{2+}, $H_2PO_4^-$), 17 proteinogene Aminosäuren (kein Aspartat, Glutamat, oder Prolin), Vitamine aus der B-Gruppe, Galaktose, 5 mM Pyruvat und weitere Bestandteile in Konzentrationen im µM-Bereich. (Leibovitz 1963).

Dem Medium werden meist 2 – 10 % fötales Kälberserum (FBS), sowie Antibiotika (z. B. Penicillin, Ampicillin, Streptomycin) und Antimykotika (z. B. Nystatin, Amphotericin) zugesetzt. In den meisten Fällen findet sich auch der Zusatz von Glucose, fast immer in einer Konzentration von 30 mM.

In diesem Kulturmedium bleiben die elektrophysiologischen Eigenschaften der Neuronen isolierter Segmentalganglien über ~3 Wochen unverändert, lediglich die Bindegewebskapsel trübt leicht ein (Miyazaki & Nicholls 1976, Ready & Nicholls 1979). Isolierte Neuronen können auch ohne Gliazellen für mehrere Wochen in-situ-Eigenschaften bewahren (Fuchs et al. 1981). Auch ohne den Zusatz von Glucose wird von einer Haltbarkeit der Zellen von bis zu 3 Wochen berichtet (Nicholls et al. 1990).

Unabhängig vom Leibovitz-Kulturmedium wurden basierend auf den vorhandenen Analysen verschiedene Blutersatzlösungen mit unterschiedlichen Anteilen organischer Säureresten vorgeschlagen. Falkenberg (2009) untersuchte den Einfluss von Blutersatzlösung nach Zerbst-Boroffka (5 mM Citrat, 15 mM Succinat, 10 mM Fumarat, 10 mM Laktat; vgl. Anhang Tab. 17) auf das elektrophysiologische Verhalten der Retzius-Neuronen isolierter Segmentalganglien. Es wurden folgende Ergebnisse erhalten:

Das Ruhemembranpotential (Ruhe-E_m) der Retzius-Neuronen war am Präparationstag unabhängig davon, ob sie in Normalsalzlösung (NSL) oder Blutersatzlösung (BEL) aufbewahrt wurden. Das Ruhe-E_m brach in NSL innerhalb von drei Tagen praktisch zusammen, während es in BEL stabil blieb. In BEL werden über einen Zeitraum von mindestens 3 Tagen spontane Aktionspotentiale gebildet, in NSL lediglich einen Tag. Das Cl$^-$-Gleichgewichtspotential (E_{Cl}) der Retzius-Neuronen war in BEL dauerhaft negativer als in NSL. Die mechanische Stabilität und Transparenz der Bindegewebskapsel der Segmentalganglien blieb in BEL für mindestens 3 Tage erhalten, während in NSL aufbewahrte Ganglien schnell trüb und brüchig wurden.

Zokoll (2010) stellte fest, dass reduzierte BEL, die nur Citrat, Fumarat oder Succinat enthalten, ähnlich geeignet sind, die Haltbarkeit isolierter Ganglien zu verlängern, wie vollständige BEL mit allen Komponenten. Eine reduzierte BEL, die lediglich Laktat als organischen Säurerest enthielt, hatte hingegen keinen Effekt in diese Richtung. Als mögliche Erklärung für die verlängerte Haltbarkeit der Ganglien in Gegenwart organischer Säuren wurde die anaplerotische Zuführung von Citrat, Fumarat und Succinat in den Citratzyklus genannt.

1.5 Fragestellung

Die Lage des Zentralnervensystems des Blutegels im Ventralgefäß legt die Vermutung nahe, dass die Energieversorgung des Nervensystems über das Blut des Tieres erfolgt (siehe 1.2). Die Untersuchungen von Falkenberg (2009) und Zokoll (2010), die sich auf eine Analyse der Blutzusammensetzung von Zerbst-Boroffka stützen (siehe 1.4), haben gezeigt, dass die

Lebensdauer isolierter Segmentalganglien in Gegenwart von Citrat, Succinat oder Fumarat deutlich verlängert war, während Laktat diese Wirkung nicht hatte. Dieser Befund spricht dafür, dass die Segmentalganglien imstande sind, diese organischen Säurereste aufzunehmen und zu verstoffwechseln.

Spätere Untersuchungen zeigten jedoch, dass Malat die das primäre organische Anion im Blutegelblut ist (siehe 1.3). Daher wurde hier untersucht, ob die Gegenwart von Malat die Lebensdauer isolierter Segmentalganglien ähnlich verlängert, wie Citrat, Succinat oder Fumarat.

Weiterhin existiert eine Vielzahl von Studien, bei denen isolierte Segmentalganglien oder einzelne Zellen für bis zu 3 Wochen kultiviert wurden. Als Kulturmedium wurde durchweg Leibovitz-15 Medium genutzt (siehe 1.4), dass unter anderem 5 mM Pyruvat enthält. Deshalb wurde hier ebenfalls untersucht, ob Pyruvat in der Lage ist, die die Lebensdauer isolierter Segmentalganglien zu verlängern.

Zur Ernährung von Segmentalganglien in Kultur wurde dem Medium häufig Glucose zugegeben, in der Regel 10 mM in Ringerlösung (Nicholls & Baylor 1968) und 30 mM in Leibovitz-Medium. Es ist aber bekannt, dass Zellen des Blutegel-ZNS auch ohne Glucosezusatz bis zu 3 Wochen in Leibovitz-Medium kultivierbar sind. Es stellt sich die Frage, ob Glucose tatsächlich geeignet ist, isolierte Segmentalganglien zu ernähren. Darum wurde hier untersucht, ob Glucose in der Lage ist, die die Lebensdauer isolierter Segmentalganglien zu verlängern.

Darüber hinaus wurde der Frage nachgegangen, ob Malat, Pyruvat oder Glucose die elektrophysiologischen Eigenschaften der Zellen isolierter Segmentalganglien verändern.

2   Material und Methoden

2.1 Bezug und Haltung der Blutegel

Verwendet wurden in Serbien und der vorderen Türkei wildgefangene, vom Importeur 32 Wochen zwischengehaltene und unter der Handelsbezeichnung „Medizinische Blutegel: *Hirudo medicinalis/verbana/orientalis*" vertriebene Tiere. Alle Versuchstiere wurden anhand ihrer Bauch- und Rückenzeichnung als *H. verbana* bestimmt (vgl. Siddall et al. 2007). Während der Zwischenhälterung wurden die Tiere nicht gefüttert (M. Aurich, Biebertaler Blutegelzucht, pers. Mitteilung v. 08.03.2011). Die Haltung im Labor erfolgte in luftdurchlässig schließenden

Kunststoffschalen, die ~ 2,5 cm hoch mit mit Wasseraufbereitungsmittel versetztem Leitungswasser gefüllt waren, bei 10 – 12 °C in einem Kühlschrank. Die Egel waren zum Versuchszeitpunkt adult, ungestreckt 3 – 5 cm und gestreckt 9 – 13 cm lang. Der Magen war bei der Präparation in jedem Fall mit Blut gefüllt.

2.2 Präparation und Aufbewahrung der Segmentalganglien

Die Blutegel wurden an Bauch- und Kopfsaugnapf mit Stecknadeln in einer Schale mit Wachsboden festgesteckt und gestreckt. Die Tötung erfolgte durch einen tiefen Schnitt hinter dem Mundsaugnapf und Durchtrennen der Konnektive zwischen 1. und 2. Segmentalganglion. Das Tier wurde entlang der dorsalen Medianlinie aufgeschnitten. Die Eröffnung der Leibeshöhle und Präparation des ZNS erfolgte mittels einer Augenschere unter einem Auflicht-Stereomikroskop (Lucht 1998). An den einzelnen Segmentalganglien wurde dorsal und ventral je ~ 2 mm Konnektiv, lateral je ~ 1mm Seitenwurzel belassen. Die isolierten Segmentalganglien wurden in Glasschalen mit je ~ 1,8 ml Aufbewahrungslösung überführt, mit Uhrgläsern luftdurchlässig abgedeckt und bei 10 – 12 °C im Kühlschrank gelagert. Zur Verminderung der Keimbelastung wurde gluscosehaltiges Medium (siehe 2.3) täglich, alle anderen Medien mindestens alle 3 Tage gewechselt.

2.3 Aufbewahrungsmedien

Bei allen Lösungen, die mit dem Inneren der Leibeshöhle sowie dem isolierten ZNS in Kontakt gebracht wurden, handelte es sich um mit HEPES (2-(4-(2-Hydroxyethyl)-1-piperazinyl)-ethansulfonsäure) gepufferte physiologische Lösungen mit pH 7,4. Alle Aufbewahrungsmedien dienten bei den Experimenten auch als Superfusionslösung an der Messapparatur.

Zum Ansetzen der Aufbewahrungsmedien wurden folgende Stammlösungen verwendet:
1 M NaCl, 1 M KCl, 1 $CaCl_2$, 500 mM $MgCl_2$, 1 M HEPES, 100 mM Na-Pyruvat, 100 mM Na_2-Malat.   Der pH-Wert wurde mit 1 M NaOH eingestellt. Eine vollständige Zusammenstellung der verwendeten Chemikalien findet sich in Tab. 13 im Anhang.

Normalsalzlösung (NSL) ist eine modifizierte Ringerlösung für Egelpräparate (Lohr 1998, vgl. Nicholls & Baylor 1968). Außer zur Aufbewahrung von Ganglien wurde sie auch als Spüllösung während der Präparation verwendet. Die Lösung wurde im Kühlschrank gelagert und wöchentlich neu angesetzt.

Tabelle 2: Zusammensetzung der verwendeten Aufbewahrungsmedien.
Konzentrationen in mmol/l, Osmolarität in mosm/l

Parameter	NSL	NSL+ Glucose	Pyruvat-BEL	Malat-BEL
$[Na^+]$	89	89	89	89
$[K^+]$	4	4	4	4
$[Ca^{2+}]$	2	2	2	2
$[Mg^{2+}]$	1	1	1	1
$[Cl^-]$	95	95	90	65
[HEPES]	10	10	10	10
[Glucose]	–	10	–	–
[Pyruvat]	–	–	5	–
[Malat]	–	–	–	15
Osmolarität	186	187	186	171
pH	7,4	7,4	7,4	7,4

Zum Ansetzen von **Normalsalzlösung mit Glucose** (Glucose-NSL) wurden 0,49 g Glucose-Monohydrat eingewogen, in 250 ml NSL aufgelöst und die Lösung anschließend mittels eines Spritzenfilters mit 0,22 μm Porendurchmesser sterilfiltriert. Die Lösung wurde im Kühlschrank gelagert und alle drei Tage neu angesetzt.

Tabelle 3: Substanzen in den Aufbewahrungsmedien
Konzentrationen in mmol/l

Substanz	NSL	Glucose-NSL	Pyruvat-BEL	Malat-BEL
[NaCl]	85	85	80	55
[KCl]	4	4	4	4
$[CaCl_2]$	2	2	2	2
$[MgCl_2]$	1	1	1	1
[HEPES]	10	10	10	10
[Glucose]	–	10	–	–
[Na-Pyruvat]	–	–	5	–
$[Na_2$-Malat]	–	–	–	15

Bei den verwendeten Blutersatzlösungen (BEL) wurden die Konzentrationen an Kationen und HEPES der NSL beibehalten, Cl^- wurde anteilsmäßig durch organische Säurereste ersetzt.

5 mM Pyruvat-Blutersatzlösung (Pyruvat-BEL) lehnt sich an den Pyruvat-Anteil von Leibovitz-Medium an. Die Lösung enthält 5 mM Pyruvat, womit der Cl^--Gehalt im Vergleich zu NSL um 5 mM reduziert war. Die Lösung wurde im Kühlschrank gelagert und wöchentlich neu angesetzt.

15 mM Malat-Blutersatzlösung (Malat-BEL) lehnt sich an die Analysen des Blutegel-Bluts von Zebe et al. (1981) und Hildebrandt & Zerbst-Boroffka (1992) an. Die Lösung enthält 15 mM Malat. Da Malat ein zweiwertiges Anion ist, war der Cl^--Gehalt im Vergleich zu NSL um 30 mM reduziert. Die Lösung wurde im Kühlschrank gelagert und wöchentlich neu angesetzt.

2.4 Testlösungen

Für die elektrophysiologischen Versuche wurden Testlösungen mit erhöhter K^+-Konzentration, Serotonin (5-Hydroxytryptamin, 5-HT) und Kainat angesetzt. Eine vollständige Zusammenstellung der verwendeten Chemikalien findet sich in Tab. 13 im Anhang.

40 mM K^+-Testlösungen wurden analog zu den Aufbewahrungsmedien in 2.3 angesetzt, wobei jeweils 36 mM NaCl durch 36 mM KCl ersetzt wurden. Der pH-Wert wurde statt mit NaOH mit 1 M KOH eingestellt. Die Lösungen wurden im Kühlschrank gelagert und wöchentlich neu angesetzt

Zum Ansetzen von **Serotonin-Testlösung** wurde 1 mM Serotonin-Kreatinin-Sulfat-Komplex in das entsprechende Aufbewahrungsmedium eingewogen. Die Lösungen wurden im Kühlschrank gelagert und alle 3 Tage neu angesetzt.

Zum Ansetzen von **Kainat-Testlösungen** mit 1, 3, 10, und 30 µM wurde die entsprechenden Menge an 25 mM Kainsäure-Stammlösung zum jeweiligen Aufbewahrungsmedium pipettiert. Die Lösungen wurden im Kühlschrank gelagert und wöchentlich neu angesetzt

2.5 Mikroelektroden

Verwendet wurden elektrolytgefüllte Einzelkanal-Glasmikroelektroden. Zur Herstellung der Elektroden wurden Borosilikatglas-Kapillaren (Ø außen 1,5 mm, Ø innen 0,86 mm, Länge 7,5 cm) mit einem Vertikalpullers scharf ausgezogen. Diese Rohelektroden wurden mittels einer Einmalspritze mit 23-Gauge-Kanüle luftblasenfrei mit Elektrolyt befüllt (0,5 M K_2SO_4 / 20 mM KCl in wässriger Lösung). In den Elektrodenschaft wurde ein chlorierter Silberdraht (Ø 0,5 mm) so tief eingeführt, dass sich das Vorderende des Drahtes ~ 1 mm vor Beginn der Verjüngung befand. Die Elektroden wurden am Hinterende mit Hart-Klebewachs luftdicht versiegelt. Der Elektrodenwiderstand betrug ~ 60 MΩ.

Eine Zusammenstellung von Material & Geräten findet sich in den Tab. 13 und Tab. 14 im Anhang.

2.6 Baderdung

Das Versuchsbad wurde über eine Agarbrücke geerdet. Zur Herstellung der Brücke wurden Plastikschlauchstücke (Ø außen 3 mm, Ø innen 2 mm, Länge 4 cm) blasenfrei mit 3 % Agar in 3 mM KCl-Lösung befüllt, ein chlorierter Silberdraht bis ~ 8 mm vor Schlauchende eingeschoben und die Elektroden am Hinterende mit Hart-Klebewachs luftdicht verschlossen.

2.7 Messapparatur und Versuchsaufbau für die Elektrophysiologie

Die isolierten Segmentalganglien wurden in einer Versuchskammer fixiert. Dazu wurde der Boden einer Durchflusskammer aus Plexiglas mit Zweikomponenten-Silikonkautschuk ausgegossen und die an den Ganglien belassenen Konnektive und Seitenwurzeln mit Minutien (feinen Insektennadeln) unter leichtem Zug darin festgesteckt. Die Zufuhr der Superfusionslösungen erfolgte nach dem Prinzip eines Saughebers, wobei die Schläuche (Ø innen 1 mm) durch eine mit Klemmen versehene Mischbatterie geführt wurden, um die Lösung schnell wechseln zu können. Abgesaugt wurde die Lösung aus der Kammer durch eine mit einer Rollenpumpe verbundene Kapillare. Das Kammervolumen betrug ~ 0,13 ml und die Superfusionsgeschwindigkeit betrug ~ 14 µl/s ; somit wurde die Lösung in der Kammer etwa alle 9 s ausgetauscht.

Die Badelektrode wurde durch eine Bohrung in die Versuchskammer geführt. Die Bohrung befand sich gegenüber dem Lösungszufluss in der Nähe der Absaugkapillare, so dass ein Kontakt des Präparats mit dem aus der Agarbrücke diffundierendem KCl ausgeschlossen war. Die Mikroelektrode wurde im Halter eines mechanischen Mikromanipulators befestigt. Beide Elektroden waren über Kupferkabel mit Krokodilklemmen an einen Messkopf angeschlossen, der wiederum über ein niederohmiges Kabel mit einem Elektrodenverstärker verbunden war. Vom Elektrodenverstärker ausgehend wurde das Signal auf einem Oszilloskop dargestellt und mittels eines Papierschreibers analog registriert. Zugleich wurde das Signal mit einem Analog-Digital-Wandler (Digitizer) digitalisiert und über einen seriellen Anschluss an einen PC übertragen, wo es mit einem Datenregistrierungsprogramm mit einer Aufnahmefrequenz von 5 kHz aufgezeichnet wurde.

Die Versuche wurden zur optischen Kontrolle unter einem Stereomikroskop mit 17,5- bis 112,5-facher Vergrößerung durchgeführt. Zu diesem Zweck war es möglich, die Kammer von unten her zu beleuchten.

Zur Reduktion von Rauschen und Störungen befanden sich Messkammer, Absauger, Mikromanipulator, Elektroden und Messkopf des Elektrodenverstärkers auf einer schwingungsgedämpften Stahlplatte, die auf pneumatischen Stoßdämpfern gelagert war. Dieser Teil des Versuchsaufbaus war innerhalb eines Faraday'schen Käfigs aus Stahlblech untergebracht. Die einzelnen Komponenten (mit Ausnahme der Mikroelektrode) waren elektrisch leitend miteinander verbunden und über den Erdungsanschluss des Oszilloskops geerdet.

Eine Liste der verwendeten Geräte mit Hersteller- & Typenbezeichnung findet sich in Tab. 14 im Anhang.

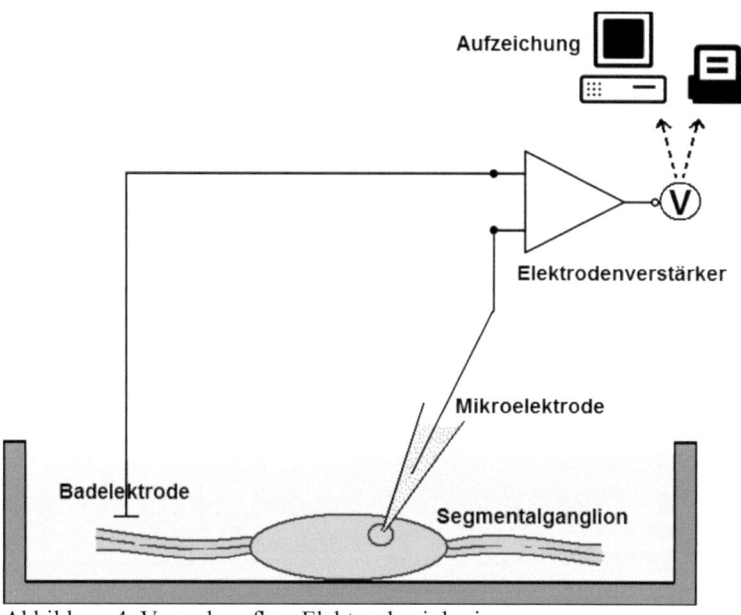

Abbildung 4: Versuchsaufbau Elektrophysiologie.
Vereinfachtes Schema der Messapparatur.

Die untersuchten Zellen wurden anhand ihrer Lage und ihres elektrophysiologischen Verhaltens identifiziert. Nach dem Einstich der Elektrode wurde eine Weile gewartet, bis das gemessene Membranpotential über einen Zeitraum von mindestens 1 min im Bereich von $\pm$ 1 mV stabil blieb. Diese Einheilzeit betrug zwischen 2 und 30 min, im Regelfall etwa 10 min (siehe Abb. 10, 13, 16). Nach dem Einheilen wurde der jeweilige Versuch durchgeführt. Nach Abschluss des Versuches und Auszug der Elektrode aus der Zelle lief die Aufzeichnung für etwa 1 min nach, um eine eventuelle Drift des Bezugspotentials feststellen zu können. Alle verwendeten Lösungen wurden in Badkontrollen auf ihren Einfluss auf das Elektrodenpotential untersucht. Lediglich der Wechsel der Superfusionslösung von NSL auf Malat-BEL führte zu einer Veränderung des Elektrodenpotentials um $\sim$ -4 mV. Dieser Effekt wurde bei der Datenauswertung berücksichtigt. Alle Versuche wurden bei Raumtemperatur von 18 bis 25°C durchgeführt.

2.8 Elektrophysiologische Versuchsprotokolle

2.8.1 Ruhemembranpotential und Aktionspotentiale von Retzius- und Leydig-Neuronen

Ziel des Versuchs war, zu beobachten, inwiefern sich Ruhemembranpotential und die Generierung von Aktionspotentialen durch Retzius- und Leydig-Neuronen im Verlauf mehrerer Tage in verschiedenen Aufbewahrungsmedien verändern. Zu diesem Zweck wurden isolierte Segmentalganglien mit ihrer jeweiligen Aufbewahrungsmedien umspült und das Membranpotential der Neuronen nach Einheilen der Elektrode registriert. Der Versuch wurde an den folgenden Tagen wiederholt, bis von den Zellen kein eindeutiges Signal mehr zu erhalten war.

2.8.2 Membranpotential von Neuropil-Gliazellen

Ziel des Versuchs war, zu beobachten, inwiefern sich Ruhemebranpotential der Neuropilgliazellen bei mehrtägiger Lagerung in verschiedenen Aufbewahrungsmedien verändert. Dazu wurden isolierte Segmentalganglien mit ihrer jeweiligen Aufbewahrungslösung umspült und das Membranpotential der anterioren Neuropil-Gliazelle nach Einheilen der Elektrode registriert. Zum Einstich in diese Zelle wurde die Elektrodenspitze zwischen den Retzius-Neuronen hindurch einige dutzend µm tief in das Zentrum des Ganglions geführt. In Fällen, in denen es unklar war, ob sich die Elektrodenspitze tatsächlich innerhalb der Neuropil-Gliazelle befand, wurde dies nach der Messung durch Applikation von 40 mM K^+ überprüft.

2.8.3 Kurzfristige Effekte von Malat-Blutersatzlösung auf Neuronen

Ziel des Versuches war es, festzustellen, wie Neuronen auf eine kurz andauernde Applikation von 15 mM Malat-BEL reagieren. In NSL aufbewahrte Segmentalganglien wurden mit NSL umspült. Nach Einheilen der Elektrode wurde das Ganglion für 30 s mit Malat-BEL superfundiert. Die Lösung wurde anschließend mindestens 5 min mit NSL ausgewaschen. Danach wurde das Ganglion erneut für 3 min mit Malat-BEL superfundiert und die Lösung für mindestens 10 min mit NSL ausgewaschen. Die Versuche erfolgten am Präparationstag und wurden sowohl für Retzius-Neuronen, als auch für Leydig-Neuronen durchgeführt.

2.8.4 Wirkung von erhöhter extrazelluläre K^+-Konzentration auf Retzius-Neuronen

In diesem Versuch wurde die Reaktion von Retzius-Neuronen auf die Applikation einer Lösung mit 10-fach erhöhter K^+-Konzentration getestet. Das Ruhemembranpotential einer Zelle kann durch die Goldman-Hodgkin-Katz-Gleichung (GHK-Gleichung) beschrieben werden:

$$E_{\mathrm{m}} \;=\; \frac{RT}{zF} \cdot \ln \frac{P_{\mathrm{Na}} \cdot [\mathrm{Na}^+]_e + P_{\mathrm{K}} \cdot [\mathrm{K}^+]_e + P_{\mathrm{Cl}} \cdot [\mathrm{Cl}^-]_i}{P_{\mathrm{Na}} \cdot [\mathrm{Na}^+]_i + P_{\mathrm{K}} \cdot [\mathrm{K}^+]_i + P_{\mathrm{Cl}} \cdot [\mathrm{Cl}^-]_e}$$

R: universelle Gaskonstante ; T: absolute Temperatur
F: Faraday-Konstante ; z: Ladungszahl
P: Permeabilitätskoeffizient
[Na$^+$], [K$^+$], [Cl$^-$]: Konzentration von Na$^+$, K$^+$, Cl$^-$
Index $_e$: extrazellulär ; Index $_i$: intrazellulär ;

Im Ruhezustand ist der Permeabilitätskoeffizient für K$^+$ am höchsten, die Terme mit [K$^+$]$_e$ und [K$^+$]$_i$ sind im Verhältnis zu den anderen Gliedern groß. Das Membranpotential der Zelle liegt dicht am K$^+$-Gleichgewichtspotential und reagiert empfindlich auf Änderungen der extrazellulären K$^+$-Konzentration (Nicholls et al. 2002). Alle verwendeten Aufbewahrungsmedien enthielten 4 mM K$^+$.

Dieser Versuch fand in zwei Varianten statt.

In der ersten Variante wurden in NSL aufbewahrtes Ganglien am Präparationstag für mindestens 3 min mit NSL superfundiert. Nach Einstich und Einheilen der Elektrode wurde die [K$^+$]$_e$ für 30 s auf 40 mM erhöht. Anschließend wurde die Testlösung für mindesten 5 min mit NSL ausgewaschen (Vorkontrolle). Dann wurde die Superfusionslösung auf Malat-BEL gewechselt. K$^+$-Applikation und Auswaschen wurden wiederholt (Hauptversuch). Dann wurde die Superfusionslösung auf NSL zurückgewechselt, K$^+$-Applikation und Auswaschen wurden erneut wiederholt (Nachkontrolle). Ziel des Versuches in dieser Variante war es, herauszufinden, ob der Wechsel von NSL auf Malat-BEL kurzfristig die Wirkung von erhöhter [K$^+$]$_e$ verändert.

In der zweiten Variante wurden in den verschiedenen Aufbewahrungsmedien gelagerte Ganglien mit ihrem jeweiligen Aufbewahrungsmedium umspült. Nach Einstich und Einheilen der Elektrode wurde die [K$^+$]$_e$ für 30 s auf 40 mM erhöht. Anschließend wurde die Testlösung für mindestens 5 min mit Aufbewahrungsmedium ausgewaschen. Um den Einfluss des Alters der Präparate auf die Wirkung der erhöhten [K$^+$]$_e$ zu bestimmen, wurde der Versuch in dieser Variante an Ganglien verschiedenen Alters durchgeführt.

2.8.5 Wirkung von Serotonin auf Retzius-Neuronen

In diesem Versuch wurde die Reaktion der Retzius-Neuronen auf die Applikation von Serotonin getestet. Serotonin (5-Hydroxytryptamin, 5-HT) ist ein biogenes Amin, das aus der Aminosäure Tryptophan synthetisiert wird (Nicholls et al. 2002). Beim Blutegel ist es an der Modulation von Schwimm- und Fressverhalten beteiligt (Lent 1985). In Retzius-Neuronen erhöht Serotonin die Membranpermeabilität für Cl$^-$-Ionen (Munsch & Schlue 1993). Pharmakologische Erkenntnisse legen nahe, das diese Wirkung primär durch metabotrope 5-HT$_2$-Rezeptoren vermittelt wird (Lucht

1998).

Nimmt die Membranpermeabilität für Cl^- zu, so wächst in der GHK-Gleichung (siehe 2.8.4) die Bedeutung der Terme mit $[Cl^-]_e$ und $[Cl^-]_i$ und das Membranpotential der Zelle strebt gegen das Chlorid-Gleichgewichtspotential.

Dieser Versuch fand in zwei Varianten statt.

In der ersten Variante wurde ein in NSL aufbewahrtes Ganglion am Präparationstag für mindestens 5 min mit NSL superfundiert. Nach Einstich und Einheilen der Elektrode wurde für 3 min eine Lösung mit 1 mM 5-HT appliziert und anschließend für mindestens 5 min mit NSL ausgewaschen (Vorkontrolle). Anschließend wurde die Superfusionslösung auf Malat-BEL gewechselt und die 5-HT-Applikation und das Auswaschen wiederholt (Hauptversuch). Dann wurde die Superfusionslösung auf NSL zurückgewechselt und 5-HT-Applikation und Auswaschen wurden erneut wiederholt (Nachkontrolle). Ziel des Versuches in dieser Variante war es, herauszufinden, ob der Wechsel von NSL auf Malat-BEL kurzfristig die Wirkung von 5-HT verändert.

In der zweiten Variante wurden in den verschiedenen Aufbewahrungsmedien gelagerte Segmentalganglien mit ihrem jeweiligen Aufbewahrungsmedium umspült. Nach Einstich und Einheilen der Elektrode wurde für 3 min 1 mM 5-HT appliziert und anschließend für mindesten 5 min mit Aufbewahrungsmedium ausgewaschen. Um den Einfluss des Alters der Präparate auf die Wirkung der 5 -HT-Applikation zu bestimmen, wurde der Versuch in dieser Variante an Ganglien verschiedenen Alters durchgeführt. Ferner sollten mittels der Ergebnisse Rückschlüsse auf das Cl^--Gleichgewichtspotential (E_{Cl}) der Retzius-Zellen in den vier Aufbewahrungslösungen ermöglicht werden.

2.8.6 Wirkung von Kainat auf Retzius-Neuronen

Ziel des Versuchen war es, die Reaktion der Retzius-Neurone auf die Applikation von Kainat zu untersuchen. Kainat, das Anion der Kainsäure, ist ein Strukturanalogon des Glutamats. Es wirkt als spezifischer Agonist des nach ihm benannten Subtyps ionotroper Glutamatrezeptoren. Kainat übt sowohl prä- als auch postsynaptische Effekte aus und wirkt in höheren Konzentrationen mitunter exzitotoxisch (Huettner 2003). Der Kainatrezeptoren sind ligandenaktivierte Kationenkanäle, die für Na^+ und K^+ permeabel sind (Nicholls et al. 2002).

Dieser Versuch fand in zwei Varianten statt.

In der ersten Variante wurde ein in NSL aufbewahrtes Ganglion am Präparationstag für mindestens

5 min mit NSL superfundiert. Nach Einstich und Einheilen der Elektrode wurden für jeweils 1 min Lösungen mit 1, 3, 10 und 30 µM Kainat appliziert. Die Kainat-haltigen Lösungen wurden jeweils für mindestens 3 min mit Aufbewahrungsmedium ausgewaschen. (Vorkontrolle). Anschließend wurde die Superfusionslösung auf Malat-BEL gewechselt. Kainat-Applikationen und Auswaschen wurden wiederholt (Hauptversuch). Dann wurde die Superfusionslösung auf NSL zurückgewechselt und Kainat-Applikationen und Auswaschen erneut wiederholt (Nachkontrolle). In dieser Variante des Versuch sollte festgestellt werden, ob der Wechsel von NSL auf Malat-BEL kurzfristig die Wirkung von Kainat verändert. Zudem sollte eine Dosis-Wirkungs-Kurve für Kainat bestimmt werden.

In der zweiten Variante wurden in den verschiedenen Aufbewahrungsmedien gelagerte Segmentalganglien mit ihrem jeweiligen Aufbewahrungsmedium umspült. Nach Einstich und Einheilen der Elektrode wurde die Ganglien für je 1 min mit 3, 10 und 30 µM Kainat superfundiert. Die Reihenfolge, in der die drei Konzentrationen appliziert wurden, wurde variiert. Die Kainat-haltigen Lösungen wurden jeweils für mindesten 3 min mit Aufbewahrungsmedium ausgewaschen. Um den Einfluss des Alters der Präparate auf die Wirkung von Kainat zu bestimmen, wurde der Versuch in dieser Variante an Ganglien verschiedenen Alters durchgeführt.

2.9 Mikroskopie

Ziel des Versuches war es, die lichtmikroskopisch erfassbare Morphologie der Segmentalganglien in den verschiedenen Aufbewahrungsmedien über mehrere Tage zu dokumentieren. Als Halter für die Ganglien diente ein Objektträger, auf dem parallel im Abstand von ~ 1 mm zwei Minutien so aufgeklebt waren, dass ihre Enden frei über dem Glas standen. Je ein Ganglion wurde an den Konnektiven unter den Minutien festgeklemmt und so für mehrere Tage in Position gehalten. Der Halter mit eingespanntem Ganglion wurde in einer mit ~ 30 ml des jeweiligen Aufbewahrungsmediums gefüllten Petrischale bei 10 – 12 °C im Kühlschrank gelagert.

Die Ganglien wurden täglich im Durchlicht unter einem Mikroskop mit CCD-Kamera bei 40-facher Vergrößerung fotografiert. Die Aufnahmen erfolgten solange, bis die Konturen der Zellkörper im Inneren des Ganglions nicht mehr erkennbar waren, längstens aber bis 11 Tage nach der Präparation.

2.10 Datenauswertung

Die elektrophysiologischen Registrierungen wurden mittels einer Analysis-Software untersucht.

Falls die Elektrodenpotentiale vor Einstich und nach Auszug der Elektrode nicht identisch waren („Drift"), wurde die Differenz durch lineare Interpolation ausgeglichen. Dazu wurde mit einem Tabellenkalkulationsprogramm eine Nulllinie konstruiert, die die Elektrodenpotentiale vor und nach dem Versuch miteinander verband. Die Messwerte wurden in ein Statistik-Programm übertragen und ausgewertet. Sofern nicht anders ausgezeichnet, handelt es sich bei angegebenen Messdaten um Mittelwerte mit Standardabweichung. Unterschiede zwischen Vorkontrolle, Hauptversuch und Nachkontrolle wurden mit einem zweiseitigem ungepaarten t-Test nach Student zu den Signifikanzniveaus $\alpha = 0{,}05$; $0{,}01$ und $0{,}001$ auf statistische Signifikanz überprüft (Sachs 1999).

Bei den mikroskopischen Aufnahmen wurden mit einem Bildbearbeitungsprogramm für den Druck der Kontrast erhöht.

Eine komplette Liste der verwendeten Software findet sich in Tab. 15 im Anhang.

3 Ergebnisse

3.1 Elektrophysiologische Versuche

3.1.1 Ruhemembranpotential und Aktionspotentiale der Retzius-Neuronen

Die Lebensdauer von Retzius-Neuronen, wenn man das Ruhemebranpotential (Ruhe-E_m) und die Bildung spontaner Aktionspotentiale (APs) als Kriterium nimmt, hing stark vom Medium ab, in der die Ganglien aufbewahrt wurden. Am Präparationstag (Tag 0) bildeten Ganglien in allen Aufbewahrungsmedien spontane APs bei einem Ruhe-E_m zwischen -48 und -50 mV (Abb. 5). Unterschiede zwischen Ganglien in verschiedenen Medien stellte sich ab dem ersten Tag nach der Präparation (Tag 1) ein.

Die Retzius-Neuronen von in NSL aufbewahrten Ganglien bildeten am Präparationstag (Tag 0) spontane Aktionspotentiale bei einem Ruhe-E_m um -48 mV. Nach einem Tag (Tag 1) war das Ruhe-E_m leicht gesunken, spontane APs wurden nicht mehr gebildet, ließen sich jedoch durch Erhöhung der $[K^+]_e$ auf 40 mM induzieren. An Tag 2 brach das Ruhe-E_m auf Werte um -30 mV zusammen und APs konnten nicht mehr induziert werden. An Tag 3 nach war das Ruhe-E_m in jedem Fall positiver als -20 mV. An Tag 4 war kein klares Signal mehr von den Zellen abzuleiten, auch wenn sich die Elektrodenspitze nach visueller Einschätzung eindeutig in der Zelle befand.

Abbildung 5: Spontanen Aktionspotentiale eines Retzius-Neurons (Pyruvat-BEL, Tag 0).

Die Retzius-Neuronen von in Glucose-NSL aufbewahrten Ganglien zeigten eine zu den in NSL aufbewahrten Ganglien nahezu identische Entwicklung. Das Ruhe-E_m an Tag 0 betrug um -49 mV, und fiel im Verlauf von 3 Tagen auf unter -20 mV ab. In Bezug auf die AP-Bildung bestanden keine Unterschiede zu in NSL aufbewahrten Ganglien. Nach 4 Tagen war auch bei den in Glucose-NSL aufbewahrten Ganglien kein klares Signal mehr abzuleiten.

Tabelle 4: Ruhemembranpotential (in mV) der Retzius-Neuronen in den vier verwendeten Aufbewahrungsmedien in Abhängigkeit vom Alter des Präparats. schwarz: spontane APs ; grau: keine spontanen APs Mittelwerte ± Standardabweichung aus $n = 5 - 13$ Messungen. (n in Klammern)

Tag nach Präparation	E_m in mV			
	NSL	Glucose-NSL	Pyruvat-BEL	Malat-BEL
0	- 48,1 ± 3,1 (12)	- 48,8 ± 2,0 (9)	-48,0 ± 4,5 (8)	- 48,0 ± 3,1 (10)
1	- 49,9 ± 2,9 (11)	- 49,0 ± 2,7 (8)	-47,7 ± 3,7 (10)	- 46,6 ± 2,4 (10)
2	- 28,6 ± 3,3 (11)	- 26,5 ± 1,5 (9)	-47,5 ± 4,5 (10)	- 47,0 ± 3,8 (9)
3	- 13,8 ± 2,8 (10)	- 15,2 ± 3,8 (9)	-45,6 ± 3,3 (10)	- 45,6 ± 4,5 (8)
4	–	–	-33,6 ± 4,9 (9)	- 43,9 ± 2,7 (8)
5	–	–	-22,6 ± 4,3 (10)	- 43,8 ± 1,9 (11)
6	–	–	-20,8 ± 3,4 (10)	- 42,8 ± 3,5 (12)
7	–	–	–	- 40,3 ± 2,4 (13)
8	–	–	–	- 36,8 ± 3,1 (10)
9	–	–	–	- 33,2 ± 3,6 (9)
10	–	–	–	- 21,4 ± 3,9 (5)

Die Retzius-Neuronen von in Pyruvat-BEL aufbewahrten Ganglien hatten am Präparationstag ein Ruhe-E_m um -49,5 mV mV. Das Ruhe-E_m wurde im Verlauf von 6 Tagen weniger negativ. Spontane

APs wurden über 2 Tage gebildet. An Tag 3 wurden keine spontanen APs mehr gebildet, jedoch waren APs durch Applikation von 40 mM K$^+$ induzierbar. Ab Tag 4 ließen sich keine APs mehr induzieren, und ab Tag 7 war kein klares Signal mehr von der Zelle abzuleiten.

Die Retzius-Neuronen von in Malat-Blutersatzlösung aufbewahrten Ganglien hatten am Präparationstag ein Ruhe-E$_m$ um -48 mV. Das Ruhe-E$_m$ wurde im Verlauf von 9 Tagen kontinuierlich weniger negativ, bis es an Tag 10 auf -21 mV zusammenbrach. Die Bildung von spontanen APs dauerte über 7 Tage an. Ab Tag 8 wurden keine spontanen APs mehr gebildet, waren durch Applikation von 40 mM K$^+$ aber induzierbar. Nach Tag 9 ließen sich keine APs mehr induzieren und nach Tag 10 war kein klares Signal mehr von der Zelle abzuleiten.

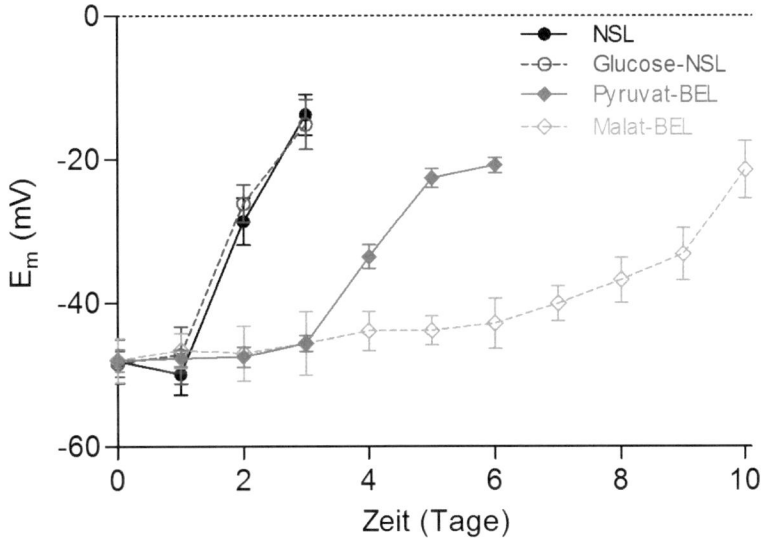

Abbildung 6: Ruhemembranpotential der Retzius-Neuronen in den vier Aufbewahrungsmedien in Abhängigkeit vom Alter des Präparats. Mittelwerte & Standardabweichung aus n = 5 – 13 Messungen. Daten aus Tab. 4.

Typischerweise feuerten spontan aktive Retzius-Neuronen ~4 AP in 10 s mit Amplituden von ~ 20 mV. Frequenz und Höhe der spontanen APs variierten allerdings stark von Ganglion zu Ganglion. Wo spontane APs vorhanden waren, waren Zeitverlauf der APs und die AP-Frequenz unabhängig vom Aufbewahrungsmedium und Alter des Präparats.

Ziel des Versuches war es, herauszufinden, wie sich das Alter der Präparate in verschiedenen Aufbewahrungsmedien auf das Ruhe-E$_m$ und die AP-Aktivität der Retzius-Neuronen auswirkt. Es wurde festgestellt, dass das Ruhe-E$_m$ in NSL und Glucose-NSL einen Tag, in Pyruvat-BEL 3 bis 4 Tage, und in Malat-BEL 8 bis 9 Tage lang relativ stabil ist. Spontane APs werden in NSL und

Glucose-NSL nur am Präparationstag, in Pyruvat-BEL bis Tag 2 und in Malat-BEL bis Tag 7 gebildet.

3.1.2 Ruhemembranpotential und Aktionspotentiale der Leydig-Neuronen

Die Lebensdauer von Leydig-Neuronen, wenn man das Ruhe-E_m und die Bildung spontaner APs als Kriterium nimmt, hing stark vom Medium ab, in der die Ganglien aufbewahrt wurden. An Tag 0 bildeten Ganglien in allen Aufbewahrungsmedien spontane APs. (Abb. 7). Das Ruhe-E_m war zwischen in NSL oder Glucose-NSL aufbewahrten Ganglien einerseits, und in Pyruvat- oder Malat-BEL aufbewahrten Ganglien andererseits von Tag 0 an deutlich verschieden (Tab. 5).

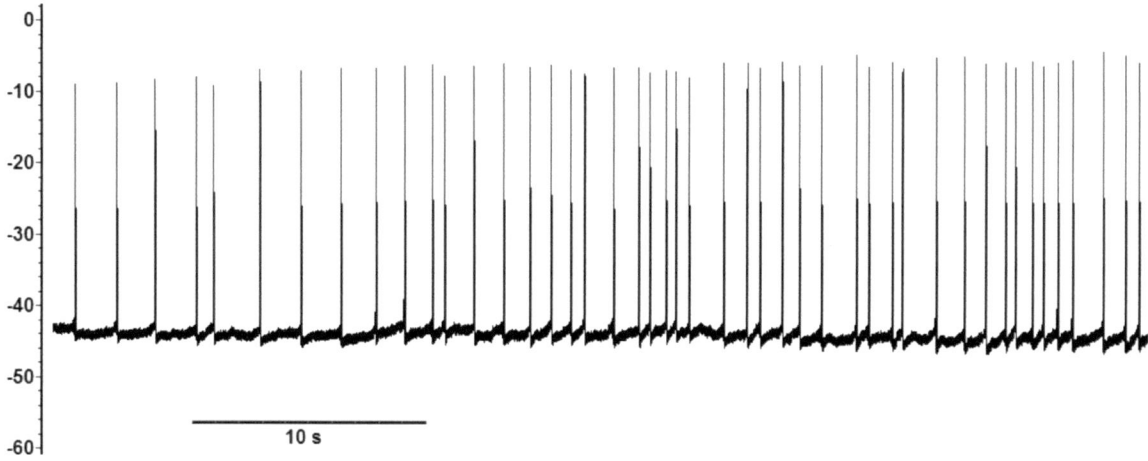

Abbildung 7: Spontane Aktionspotentiale eines Leydig-Neurons (Malat-BEL, Tag 1).

Die Leydig-Neuronen von in NSL aufbewahrten Ganglien bildeten am Präparationstag spontane APs bei einem Ruhe-E_m von ~ -41 mV. Das Ruhe-E_m wurde über die nächsten 2 Tage weniger positiv, bis es an Tag 3 auf ~ -24 mV zusammenbrach. Spontane APs waren bis zu Tag 2 vorhanden. Ab Tag 4 war auch bei nach optischer Kontrolle eindeutigen Einstichen kein klares Signal mehr von der Zelle abzuleiten.

Die Leydig-Neuronen von in Glucose-NSL aufbewahrten Ganglien zeigten eine zu den in NSL aufbewahrten Ganglien nahezu identische Entwicklung. Das Ruhe-E_m am Präparationstag betrug um -39 mV, und fiel im Verlauf von 3 Tagen auf ~ -21 mV ab. In Bezug auf die Bildung von Aktionspotentialen bestanden keine Unterschiede zu in NSL aufbewahrten Ganglien. Nach 4 Tagen war auch hier kein eindeutiges Signal mehr abzuleiten.

Die Leydig-Neuronen von in Pyruvat-BEL aufbewahrten Ganglien hatten an Tag 0 ein Ruhe-E_m von ~ -46 mV. Es wurde über 4 Tage kontinuierlich weniger negativ, bis es an Tag 4 ~ -39 mV erreicht hatte. Spontane AP wurden bis zu Tag 2 gebildet, ab Tag 5 war kein klares Signal mehr registrierbar.

Die Leydig-Neuronen von in Malat-BEL aufbewahrten Ganglien hatten am Präparationstag ein Ruhe-E_m um -46 mV. Es wurde über 7 Tage langsam und stetig weniger negativ, bis es an Tag 8 auf ~ -27 mV zusammenbrach. Die Bildung spontaner APs dauerte 7 Tage an. Ab Tag 10 war kein klares Signal mehr von den Zellen abzuleiten.

Tabelle 5: Ruhemembranpotential (in mV) der Leydig-Neuronen in den vier verwendeten Aufbewahrungsmedien in Abhängigkeit vom Alter des Präparats. schwarz: spontane APs ; grau: keine spontanen APs
Mittelwerte ± Standardabweichung aus $n = 4$ oder 5 Messungen. (n in Klammern)

Tag nach Präparation	E_m in mV			
	NSL	Glucose-NSL	Pyruvat-BEL	Malat-BEL
0	- 41,3 ± 0,9 (4)	- 39,0 ± 4,9 (5)	- 46,0 ± 4,9 (5)	- 45,7 ± 4,6 (5)
1	- 38,0 ± 4,9 (5)	- 36,0 ± 4,1 (5)	- 44,3 ± 6,0 (5)	- 45,0 ± 3,7 (5)
2	- 34,0 ± 2,4 (5)	- 31,5 ± 2,4 (4)	- 40,8 ± 6,1 (5)	- 42,5 ± 2,6 (5)
3	- 23,6 ± 2,7 (5)	- 21,4 ± 2,6 (5)	- 39,7 ± 8,6 (5)	- 42,0 ± 3,2 (4)
4	—	—	- 38,8 ± 5,4 (5)	- 41,5 ± 2,1 (4)
5	—	—	—	- 41,0 ± 3,6 (5)
6	—	—	—	- 39,8 ± 2,9 (5)
7	—	—	—	- 38,3 ± 2,3 (5)
8	—	—	—	- 27,2 ± 1,3 (5)
9	—	—	—	-22,0 ± 2,2 (5)

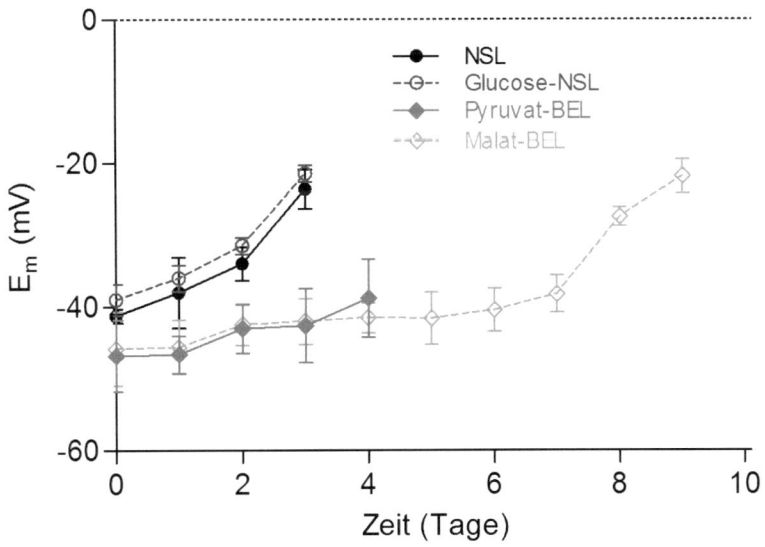

Abbildung 8: Ruhemembranpotential der Leydig-Neuronen in den vier Aufbewahrungsmedien in Abhängigkeit vom Alter des Präparats. Mittelwerte & Standardabweichung aus $n = 4$ oder 5 Messungen. Daten aus Tab. 5.

Typischerweise feuerten spontan aktive Leydig-Neuronen zwischen 1 und 7 AP in 10 s. Die Amplitude der APs betrug meist zwischen 30 und 35 mV. Frequenz und Amplitude der generierten APs variierten von Ganglion zu Ganglion und gelegentlich auch zwischen den Leydig-Neuronen desselben Ganglions. Wo spontane APs vorhanden waren, waren Zeitverlauf der APs und die AP-Frequenz unabhängig vom Aufbewahrungsmedium und Alter des Präparats.

Ziel des Versuches war es, herauszufinden, wie sich das Alter der Präparate in verschiedenen Aufbewahrungsmedien auf das Ruhe-E_m und die AP-Aktivität der Leydig-Neuronen auswirkt. Es wurde festgestellt, dass das Ruhe-E_m in NSL und Glucose-NSL einen Tag, in Pyruvat-BEL 2 bis 3 Tage, und in Malat-BEL 7 Tage lang relativ stabil ist. Spontane APs werden in NSL, Glucose-NSL und Pyruvat-BEL bis Tag 2 und in Malat-BEL bis Tag 7 gebildet.

3.1.3 Membranpotential der Neuropil-Gliazelle

Der Einstich in die Neuropil-Gliazelle wurde mit zunehmendem Alter der Präparate deutlich schwieriger, da sich die Segmentalganglien mit der Zeit strukturell veränderten (siehe 3.2.1). Versuche, die Neuropil-Gliazelle durch Entfernen der Bindegewebskapsel und der außenliegenden Neuronen besser zugänglich zu machen, waren erfolglos. Am Präparationstag waren die Zellen in allen Aufbewahrungsmedien zugänglich und hatten ein Ruhe-E_m zwischen ~ -71 und – 72 mV (Tab. 6). Unterschiede in Membranpotential und Zugänglichkeit der Zellen in verschiedenen Aufbewahrungsmedien zeigten sich ab Tag 1.

Das Ruhe-E_m der Neuropil-Gliazellen von in NSL aufbewahrten Ganglien betrug am Präparationstag ~ -72 mV. Einen Tag nach der Präparation war das Ruhe-E_m auf Werte um -65 mV gefallen. Ab Tag 2 war der Anstich der Zellen nicht mehr möglich.

Das Ruhe-E_m der Neuropil-Gliazellen von in Glucose-NSL aufbewahrten Ganglien betrug am Präparationstag ~ -71 mV. An Tag 1 war es praktisch unverändert. Ab Tag 2 war kein Anstich der Zellen mehr möglich.

Das Ruhe-E_m der Neuropil-Gliazellen von in Pyruvat- BEL aufbewahrten Ganglien betrug am Präparationstag im Mittel ~ -72 mV. Das E_m wurde über die Zeit weniger negativ, bis es nach 3 Tagen einen Werte um -59 mV erreicht hatte. Ab Tag 4 war der Anstich der Zellen nicht mehr möglich.

Tabelle 6: Ruhemembranpotential (in mV) der Neuropil-Gliazelle in den vier verwendeten Aufbewahrungsmedien in Abhängigkeit vom Alter des Präparats. Mittelwerte ± Standardabweichung aus $n = 3 - 5$ Messungen. (*n* in Klammern)

Tag nach Präparation	E_m in mV			
	NSL	Glucose-NSL	Pyruvat-BEL	Malat-BEL
0	- 72,3 ± 4,7 (3)	- 71,0 ± 4,1 (4)	- 71,5 ± 3,5 (4)	- 72,3 ± 4,2 (3)
1	- 65.0 ± 5,6 (3)	- 69,8 ± 4,0 (4)	- 71,0 ± 4,9 (5)	- 67,8 ± 3,2 (5)
2	–	–	- 67,8 ± 4,6 (5)	- 68,3 ± 3,8 (3)
3	–	–	- 59,0 ± 4,2 (4)	- 67,3 ± 4,2 (3)
4	–	–	–	- 63,0 ± 3,0 (3)
5	–	–	–	- 62,0 ± 2,0 (3)
6	–	–	–	- 61,3 ± 3,2 (3)

Das Ruhe-E_m der Neuropil-Gliazellen von in Malat-BEL aufbewahrten Ganglien betrug am Präparationstag ~ -72 mV. An Tag 1 war es auf ~ -68 mV gefallen und blieb über die folgenden 2 Tage praktisch stabil. An Tag 4 begann es zu fallen, bis es an Tag 6 einen Wert von ~ -61 mV erreichte. Ab Tag 7 war der Anstich der Zellen nicht mehr möglich.

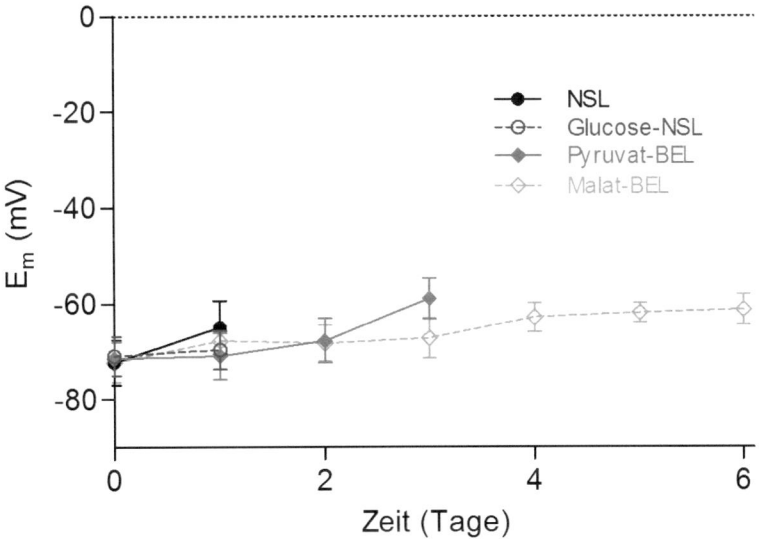

Abbildung 9: Ruhemembranpotential der Neuropil-Gliazellen in den vier Aufbewahrungsmedien in Abhängigkeit vom Alter des Präparats. Mittelwerte & Standardabweichung aus $n = 3 - 5$ Messungen. Daten aus Tab. 6.

Ziel des Versuches war es, festzustellen wie sich die Aufbewahrungslösung auf die zeitliche Entwicklung des Ruhe-E_m der Neuropil-Gliazellen auswirkt. Das Ruhe-E_m wurde an Tag 1 in allen

Aufbewahrungslösung im Vergleich zu Tag 0 etwas weniger negativ. In NSL und Glucose-NSL verhinderte die strukturelle Veränderung des Segmentalganglions eine weitere Messung. In Pyruvat- und Malat-BEL nahm das Ruhe-E_m über die folgenden Tage weiter ab, wobei diese Abnahme in Malat-BEL am geringsten ausfiel (Abb. 9). Anders als bei den Neuronen ist die Zugänglichkeit bei der Neuropil-Gliazelle durch die strukturelle Veränderung des Ganglions (siehe 3.2.1) beschränkt und somit kein Indikator für die Lebensdauer der Zelle.

3.1.4 Kurzfristige Effekte von Malat-Blutersatzlösung auf Neuronen

Ziel des Versuches war es, festzustellen, wie Neuronen auf eine kurz andauernde Applikation von 15 mM Malat-BEL reagieren. Das Umspülen der Segmentalganglien mit Malat-BEL für 30 s und 3 min hatte keinen Effekt auf Retzius- und Leydig-Neuronen. Ruhe-E_m und AP-Aktivität blieben unverändert.

3.1.5 Wirkung von erhöhter extrazelluläre K$^+$-Konzentration auf Retzius-Neuronen

Die 30-sekündige Applikation von 40 mM K$^+$ führte zur Depolarisation der Retzius-Neuronen. Generierte die Zelle spontane APs, ging die Depolarisation mit einer Erhöhung der AP-Frequenz auf bis zu 25 Hz einher, bevor die AP-Aktivität vor dem Gipfelpunkt der Depolarisation völlig erlosch (Abb. 10). Bei älteren Präparaten, bei denen die Zelle keine spontanen APs generierte, wurden in einigen Fällen durch die K$^+$-Applikation APs induziert (siehe 3.1.1). Nach Auswaschen der 40 mM K$^+$-Lösung folgte eine 2 bis 3-minütige Repolarisationsphase. Nach Erreichen des ursprünglichen Ruhe-E_m dauerte es meist 2 bis 3 min, bis erneut APs gebildet wurden.

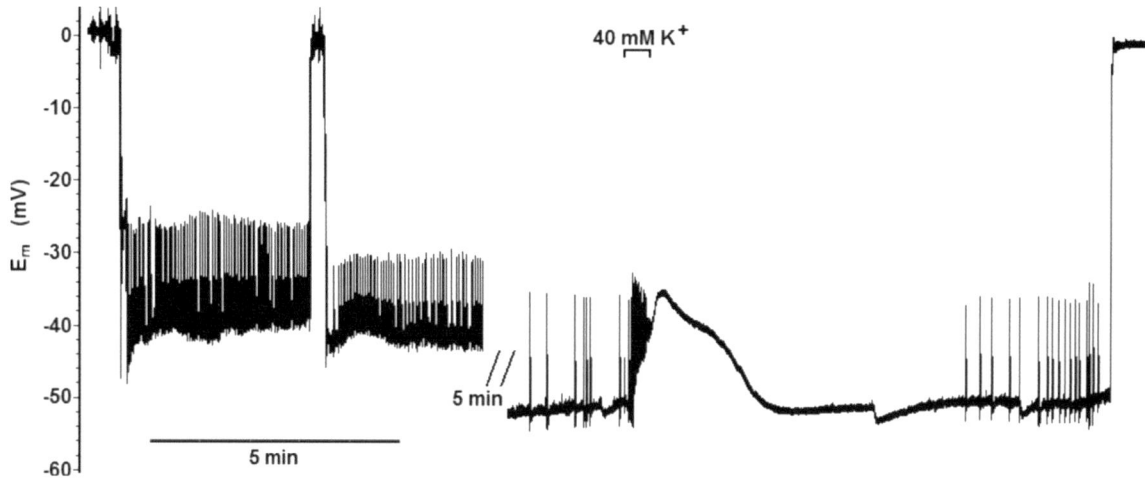

Abbildung 10: Wirkung von 40 mM K$^+$ auf das Ruhe-E_m und die AP-Bildung eines Retzius-Neurons. Applikationsdauer: 30 s. (Pyruvat-BEL, Tag 0)

Im Versuch mit Vor- und Nachkontrolle am Präparationstag ergab sich folgendes Bild: Die erste K^+-Applikation in NSL führte zu einer Depolarisation von ~ 19 mV (Vorkontrolle). Nach 3-minütigem Überspülen des Segmentalganglions mit Malat-BEL führte die erneute Applikation von 40 mM K^+ zu einer Depolarisation von ~ 24 mV (Hauptversuch). Nach erneutem mindestens 3-minütigem Überspülen mit NSL führte die dritte Applikation zu einer Depolarisation von ~ 23 mV (Nachkontrolle). Im t-Test war der Unterschied zwischen Vorkontrolle und Hauptversuch zum Signifikanzniveau $\alpha = 0,05$ signifikant. Der Unterschied zwischen Vorkontrolle und Nachkontrolle war nicht signifikant (Tab. 7).

Tabelle 7: K^+-induzierte Depolarisation (in mV) der Retzius-Neuronen in NSL und Malat-BEL am Präparationstag (30 s Applikation von 40 mM K^+)
Mittelwerte $\pm$ Standardabweichung aus $n = 4$ Versuchen.
Irrtumswahrscheinlichkeit p aus zweiseitigem gepaarten t-Test.

Depolarisation in mV		
Vorkontrolle in NSL	Hauptversuch in Malat-BEL	Nachkontrolle in NSL
$19,0 \pm 2,9$	$24,3 \pm 2,1$	$23,0 \pm 4,2$

|_____|
$p = 0,0354$

|_____|
$p = 0,2403$

Ziel des Versuches in dieser Variante war es, herauszufinden, ob sich der Wechsel von NSL auf Malat-BEL kurzfristig auf die Wirkung von erhöhter $[K^+]_e$ auswirkt. Dies ist der Fall. Die K^+-induzierte Depolarisation fiel in in Malat-BEL signifikant stärker aus als in NSL. Das sich zudem die Depolarisation der Nachkontrolle in NSL nicht signifikant von der Vorkontrolle unterschied, legen die Ergebnisse nahe, dass dieser Effekt reversibel ist.

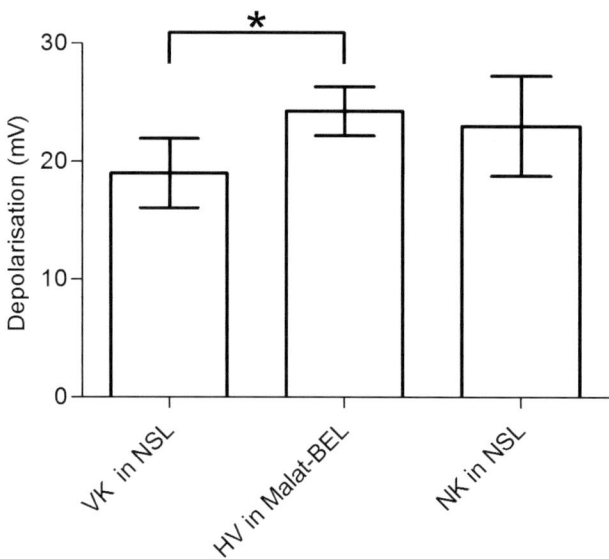

Abbildung 11: K$^+$-induzierte Depolarisation von Retzius-Neuronen in NSL und Malat-BEL am Präparationstag (30 s Applikation von 40 mM K$^+$). Mittelwerte mit Standardabweichung aus $n = 4$ Versuchen.
*: signifikant mit p < 0,05 ; VK: Vorkontrolle; HV: Hauptversuch ; NK: Nachkontrolle Daten aus Tab. 7.

Im Versuch über mehrere Tage ergab sich folgendes Bild:

Tabelle 8: K$^+$-induzierte Depolarisation (in mV) von Retzius-Neuronen in den vier Aufbewahrungslösungen in Abhängigkeit vom Alter des Präparats (30 s Applikation von 40 mM K$^+$).
Mittelwerte ± Standardabweichung aus $n = 4$ oder 5 Versuchen. (n in Klammern)

Tag nach Präparation	Depolarisation in mV			
	NSL	Glucose-NSL	Pyruvat-BEL	Malat-BEL
0	16,8 ± 5,9 (5)	17,4 ± 4,5 (5)	20,3 ± 5,9 (4)	24,8 ± 3,3 (4)
1	25,4 ± 4,3 (5)	21,6 ± 10,4 (5)	21,8 ± 4,2 (5)	17,8 ± 1,6 (5)
2	4,0 ± 1,7 (5)	4,0 ± 1,4 (5)	24,8 ± 5,8 (5)	19,8 ± 3,6 (5)
3	4,2 ± 2,7 (5)	3,4 ± 1,5 (5)	23,6 ± 5,6 (5)	15,6 ± 4,1 (5)
4	–	–	22,0 ± 9,2 (4)	18,6 ± 7,1 (5)
5	–	–	3,4 ± 1,5 (5)	23,2 ± 5,1 (5)
6	–	–	3,8 ± 1,9 (5)	24,0 ± 4,4 (5)
7	–	–	–	22,0 ± 6,1 (5)
8	–	–	–	27,4 ± 3,2 (5)
9	–	–	–	21,6 ± 8,3 (5)
10	–	–	–	4,2 ± 1,1 (5)

Die Depolarisation war abhängig vom Alter der Präparate und dem Medium, in dem die Ganglien aufbewahrt wurde. Am Präparationstag führte die 30-sekündige Applikation von 40 mM K$^+$ in allen Aufbewahrungsmedien zu einer Depolarisation um ~ 20 mV (Tab. 8).

Bei in NSL und Glucose-NSL aufbewahrten Ganglien war die Depolarisation an Tag 1 unverändert. Ab Tag 2 reduzierte sich die K$^+$-induzierte Depolarisation auf Werte um 4 mV.

Bei in Pyruvat-BEL aufbewahrten Ganglien reagierten die Retzius-Neuronen bis einschließlich Tag 4 mit einer Depolarisation um 20 mV. Ab Tag 5 reduzierte sich die Depolarisation auf Werte zwischen 3 und 4 mV.

Bei in Malat-BEL aufbewahrten Ganglien hielt die starke Reaktion mit Depolarisationen bis 27 mV bis einschließlich Tag 9 an. An Tag 10 reduzierte sich die Depolarisation auf Werte um 4 mV.

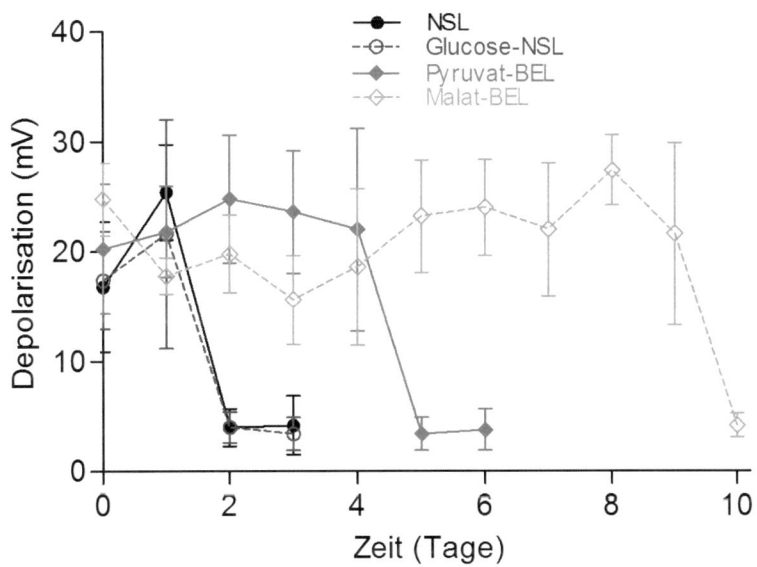

Abbildung 12: K$^+$-induzierte Depolarisation von Retzius-Neuronen in den vier Aufbewahrungslösungen in Abhängigkeit vom Alter des Präparats (30 s Applikation von 40 mM K$^+$). Mittelwerte & Standardabweichung aus n = 4 oder 5 Versuchen. Daten aus Tab. 8.

Ziel des Versuchs in dieser Variante war es, den Einfluss der Aufbewahrungslösung und des Alters der Präparate auf die Wirkung der erhöhten $[K^+]_e$ zu bestimmen. Es wurde festgestellt, dass die Reaktion der Retzius-Neuronen vom Präparationstag in NSL und Glucose-NSL einen Tag, in Pyruvat-BEL 4 Tage und in Malat-BEL 8 bist 9 Tage erhalten bleibt. Die Abnahme der Depolarisationshöhe korreliert mit der Abnahme des Ruhe-E$_m$ (vgl. 3.1.1).

3.1.6 Wirkung von Serotonin auf Retzius-Neuronen

Die 3-minütige Applikation von 1 mM 5-HT führte bei den Retzius-Neuronen frisch präparierter Ganglien stets zu einer Hyperpolarisation, wobei die Bildung spontaner APs unterdrückt wurde (Abb. 13). Nach dem Auswaschen des 5-HT verschob sich das E_m langsam in postivere Richtung. Die AP-Bildung setzte in der Regel nach 5 bis 10 min wieder ein.

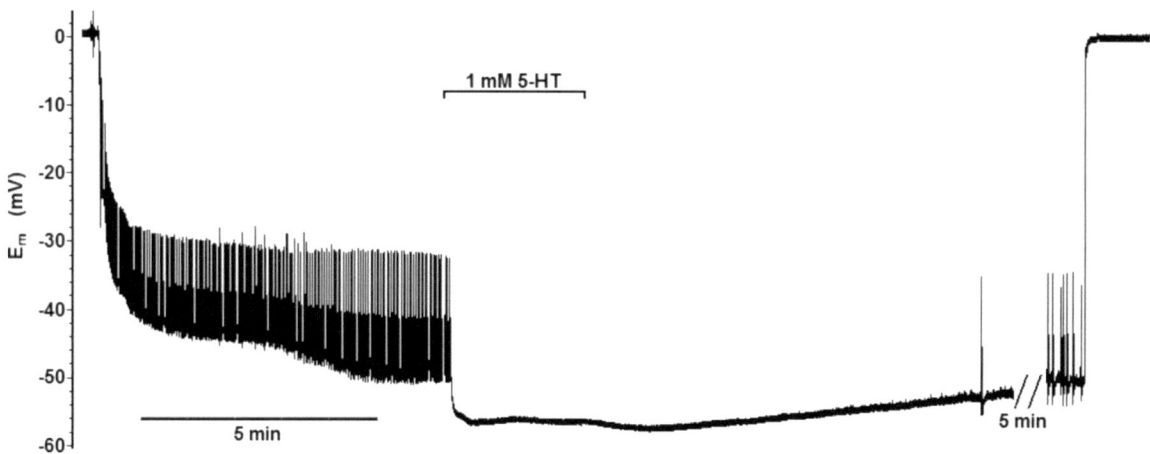

Abbildung 13: Wirkung von 1 mM Serotonin auf das Ruhe-E_m und die AP-Bildung eines Retzius-Neurons. Applikationsdauer: 3 min. (Pyruvat-BEL, Tag 0)

Im Versuch mit Vor- und Nachkontrolle am Präparationstag ergab sich folgendes Bild: Die erste 5-HT-Applikation in NSL führte zu einer Hyperpolarisation auf ~ 56 mV (Vorkontrolle). Nach 3-minütigem Überspülen des Ganglions mit Malat-BEL löste die erneute 5-HT-Applikation eine Hyperpolarisation auf ~ -53 mV aus. (Hauptversuch), Nach erneutem, mindestens 3-minütigem Überspülen mit NSL führte die dritte 5-HT-Applikation zu einer Hyperpolarisation auf ~ -54 mV (Nachkontrolle). Im t-Test war der Unterschied zwischen Vorkontrolle und Hauptversuch zum Signifikanzniveau $\alpha = 0,001$ hochsignifikant, der Unterschied zwischen Vorkontrolle und Nachkontrolle war zum Signifikanzniveau $\alpha = 0,05$ signifikant (Tab. 9).

Tabelle 9: E_m (in mV) der Retzius-Neuronen in Gegenwart von 1 mM 5-HT in NSL und Malat-BEL am Präparationstag (3 min Applikation).
Mittelwerte $\pm$ Standardabweichung aus $n = 5$ Versuchen.
Irrtumswahrscheinlichkeit p aus zweiseitigem gepaarten t-Test.

E_m in mV		
Vorkontrolle in NSL	Hauptversuch in Malat-BEL	Nachkontrolle in NSL
-56,40 $\pm$ 2,97	-53,20 $\pm$ 3,03	-54,40 $\pm$ 2,19

$p = 0,0001$

$p = 0,0112$

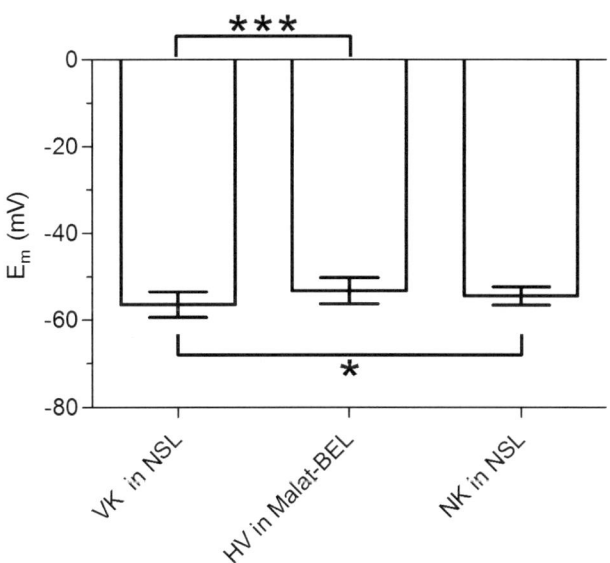

Abbildung 14: E_m der Retzius-Neuronen in Gegenwart von 1 mM 5-HT in NSL und Malat-BEL am Präparationstag (3 min Applikation). Mittelwerte mit Standardabweichung aus $n = 5$ Versuchen. *: signifikant mit $p < 0,05$; ***: hochsignifikant mit $p < 0,001$ VK: Vorkontrolle; HV: Hauptversuch ; NK: Nachkontrolle. Daten aus Tab. 9.

Ziel des Versuches in dieser Variante war es, herauszufinden, ob der Wechsel von NSL auf Malat-BEL kurzfristig die Wirkung von 1 mM 5-HT verändert. Dies ist der Fall. Die 5-HT-induzierte Hyperpolarisation fiel in in Malat-BEL signifikant stärker aus als in NSL. Das sich zudem die Hyperpolarisation der Nachkontrolle in NSL signifikant von der Vorkontrolle unterschied, legen die Ergebnisse nahe, dass dieser Effekt nicht im Zeitraum von 3 Minuten reversibel ist.

Im Versuch über mehrere Tage ergab sich folgendes Bild:

Die Hyperpolarisation war abhängig vom Alter der Präparate und dem Medium, in dem die Ganglien aufbewahrt wurde. Bei in NSL aufbewahrten Ganglien induzierte 1 mM 5-HT am Präparationstag eine Hyperpolarisation auf ~ -60 mV. An Tag 1 betrug das Ruhe-E_m in Gegenwart von 5-HT noch ~ -57 mV. Ab Tag 2 führte die Applikation von 1 mM 5-HT zu keiner messbaren Reaktion (Tab. 10).

Bei in Glucose-NSL aufbewahrten Ganglien kam es am Präparationstag bei Applikation von 1 mM 5-HT zu einer Hyperpolarisation auf ~ -58 mV. An Tag 1 hyperpolarisierten die Zellen nur noch auf ~ 50 mV. Ab Tag 2 führte die Applikation von 1 mM 5-HT zu keiner messbaren Reaktion.

Tabelle 10: E_m (in mV) der Retzius-Neuronen in Gegenwart von 1 mM 5-HT in den vier Aufbewahrungslösungen in Abhängigkeit vom Alter des Präparats (3 min Applikation). Mittelwerte ± Standardabweichung aus $n = 3 - 5$ Versuchen. (n in Klammern)

Tag nach Präparation	E_m in mV			
	NSL	Glucose-NSL	Pyruvat-BEL	Malat-BEL
0	- 59,6 ± 5,3 (5)	- 58,0 ± 3,6 (4)	- 56,0 ± 4,6 (4)	- 50,0 ± 3,9 (5)
1	- 57,0 ± 6,1 (5)	- 49,7 ± 8,3 (3)	- 54,8 ± 3,7 (5)	- 48,8 ± 4,8 (5)
2	–	–	- 54,4 ± 4,2 (5)	- 48,3 ± 7,9 (4)
3	–	–	- 51,6 ± 5,0 (5)	- 46,7 ± 3,5 (3)
4	–	–	–	- 47,0 ± 2,7 (3)
5	–	–	–	- 44,8 ± 2,3 (5)
6	–	–	–	- 44,6 ± 4,4 (5)
7	–	–	–	- 43,0 ± 2,6 (5)
8	–	–	–	- 41,6 ± 5,2 (5)
9	–	–	–	- 40,4 ± 5,8 (5)

Bei in Pyruvat-BEL aufbewahrten Ganglien hyperpolarisierten die Zellen in Gegenwart von 5-HT am Präparationstag auf ~ -56 mV. Bis Tag 3 blieb die Hyperpolarisation relativ stabil. Ab Tag 5 führte 5-HT zu keiner messbaren Reaktion der Retzius-Neuronen.

Die Retzius-Neuronen von in Malat-BEL aufbewahrten Ganglien hyperpolarisierten am Präparationstag auf ca. 50 mV. Ab Tag 1 nahm die Hyperpolarisation langsam ab, bis sie an Tag 9 einen Wert von ~ -40 mV erreichte. Ab Tag 10 führte 5-HT nicht mehr zu einer messbaren Reaktion.

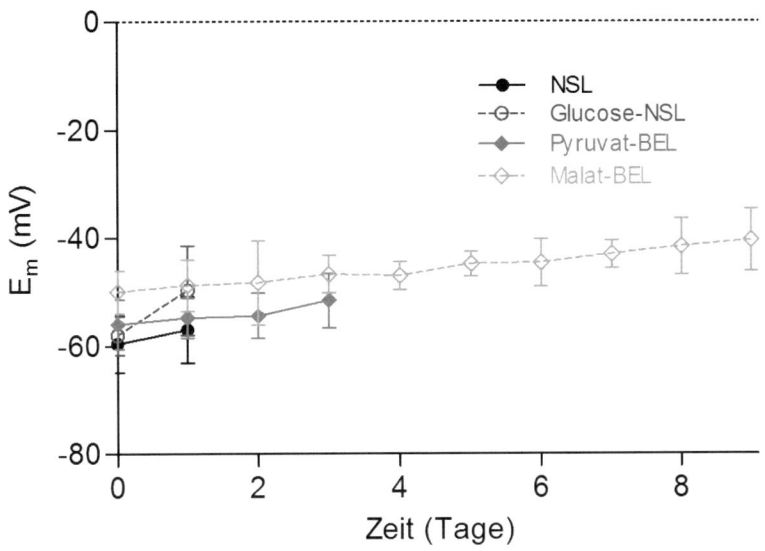

Abbildung 15: E_m der Retzius-Neuronen in Gegenwart von 1 mM 5-HT in den vier Aufbewahrungslösungen in Abhängigkeit vom Alter des Präparats (3 min Applikation).
Mittelwerte & Standardabweichung aus n = 3 – 5 Versuchen. Daten aus Tab. 10.

Ziel des Versuchs in dieser Variante war es, den Einfluss der Aufbewahrungslösung und des Alters der Präparate auf die Wirkung 1 mM 5-HT zu bestimmen. Ferner sollten mittels der Ergebnisse Rückschlüsse auf das Cl⁻-Gleichgewichtspotential der Retzius-Zellen in den vier Aufbewahrungslösungen ermöglicht werden. Es wurde festgestellt, dass 5-HT bei in NSL und Glucose-NSL aufbewahrten Ganglien einen Tag, in Pyruvat-BEL 3 Tage und in Malat-BEL 9 Tage lang eine Hyperpolarisation auslöste. Ferner ist festzuhalten, dass die Hyperpolarisation bei frisch präparierten Ganglien in NSL und Glucose-NSL am größten, in Pyruvat-BEL etwas geringer, und in Malat-BEL am kleinsten ausfiel (Tab. 10 und Abb.15). Da die Hyperpolarisation vom Chlorid-Gleichgewichtspotential der Zelle abhängig ist (in Gegenwart von 5-HT strebt das E_m gegen das E_{Cl}, siehe 2.8.5) kann geschlossen werden, dass das Chlorid-Gleichgewichtspotential in NSL und Glucose-NSL am negativsten, in Pyruvat-BEL etwas weniger negativ und in Malat-BEL am wenigsten negativ ist. Dies lässt sich zurückführen auf verschiedene $[Cl^-]_e$, in den Aufbewahrungsmedien, die zu unterschiedlichem E_{Cl} der Zellen führen (siehe 2.8.5). NSL und Glucose-NSL enthalten 95 mM, Pyruvat-BEL 90 mM und Malat-BEL 65 mM Cl⁻ (siehe 2.3).

3.1.7 Wirkung von Kainat auf Retzius-Neuronen

Die 1-minütige Applikation von Kainat führte in Abhängigkeit von der Konzentration zu verschiedenen Reaktionen. 1 und 3 µM Kainat lösten in einigen Fällen eine leichte

Hyperpolarisation, in anderen Fällen eine Depolarisation der Retzius-Neuronen aus. 10 und 30 µM Kainat führten stets eine Depolarisation der Zellen herbei. Bildete die Zelle spontane APs, ging die Depolarisation mit einer Erhöhung der AP-Frequenz auf bis zu 20 Hz einher, bevor die AP-Bildung vor dem Gipfelpunkt der Depolarisation völlig eingestellt wurde. Beim Auswaschen des Kainats kam es zu einer Nachhyperpolarisation von 5 bis 8 min Dauer, bevor das Ruhe-E_m sich wieder dem Ausgangswert näherte und erneut APs generiert wurden (Abb. 16).

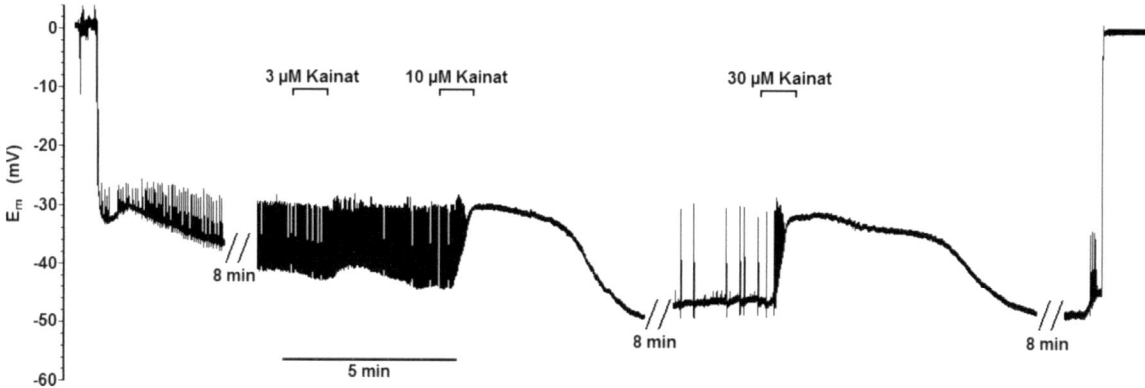

Abbildung 16: Wirkung von 3, 10 und 30 µM Kainat auf das Ruhe-E_m und die AP-Bildung eines Retzius-Neurons. Applikationsdauer: je 1 min. (Pyrvat-BEL, Tag 0)

Im Versuch mit Vor- und Nachkontrolle am Präparationstag ergab sich folgendes Bild (Tab. 11): Die erste und zweite Applikation (Vorkontrolle & Hauptversuch) von 1 µM Kainat führten in 2 von 3 Versuchen zu einer leichten Hyperpolarisation, in einem Versuch zu einer leichten Depolarisation der Zelle. Bei der dritten Applikation (Nachkontrolle) kam es immer zu einer leichten Depolarisation. Die erste Applikation von 3 µM Kainat führte in 1 von 3 Versuchen zu einer leichten Hyperpolarisation, in 2 Versuchen zu einer Depolarisation.

Tabelle 11: Kainat-induzierte E_m-Verschiebung (in mV) der Retzius-Neurone in NSL und Malat-BEL. am Präparationstag in Abhängigkeit von der Kainatkonzentration (je 1 min Applikation) Mittelwerte $\pm$ Standardabweichung aus $n = 3$ Versuchen.

[Kainat] in µM	ΔE_m in mV		
	Vorkontrolle in NSL	Hauptversuch in Malat-BEL	Nachkontrolle in NSL
1	$-1,0 \pm 1,0$	$1,0 \pm 2,0$	$3,0 \pm 1,7$
3	$2,7 \pm 3,1$	$12,3 \pm 4,5$	$12,7 \pm 3,5$
10	$10,3 \pm 7,1$	$19,3 \pm 1,5$	$14,7 \pm 5,9$
30	$17,7 \pm 4,7$	$21,3 \pm 0,6$	$20,0 \pm 13,0$

Die zweite und dritte Applikation lösten immer eine Depolarisation aus. Die Applikation von 10 und 30 µM Kainat führte immer zu einer deutlichen Depolarisation, die in der Vor- und Nachkontrolle in NSL schwächer ausfiel als im Hauptversuch in Malat-BEL.

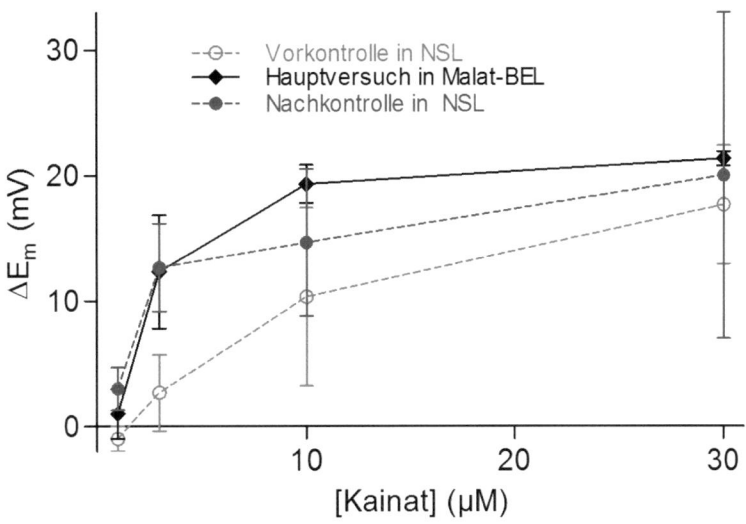

Abbildung 17: Kainat-induzierte E_m-Verschiebung der Retzius-Neurone in NSL und Malat-BEL.
am Präparationstag in Abhängigkeit von der Kainatkonzentration (je 1 min Applikation)
Mittelwerte ± Standardabweichung aus $n = 3$ Versuchen.

Werden Kainatkonzentration und E_m-Verschiebung zueinander in Bezug gesetzt, ergibt sich die Dosis-Wirkungs-Beziehung (Abb. 17 – 20). Diese war in keinem Fall linear, sondern grob kurvenförmig. Von 1 bis 10 µM Kainat stieg die durchschnittliche Depolarisationshöhe stark an, während die Kurve von 10 zu 30 µM stark abflachte. In der Literatur ist für Kainat eine sigmoide Dosis-Wirkungs-Beziehung beschrieben (Dörner et al. 1994). Aus lediglich 4 Messpunkten lässt sich ein solcher Zusammenhang hier nicht ersehen.

Neben der Bestimmung der Dosis-Wirkungs-Kurve war das zweite Ziel dieser Variante des Versuchs, festzustellen ob sich der Wechsel von NSL auf Malat-BEL kurzfristig auf die Wirkung von Kainat auswirkt. Die die von 1 und 3 µM Kainat hervorgerufene Depolarisation nahm mit jeder Applikation zu. Die von 10 und 30 µM Kainat hervorgerufene Depolarisation nahm von der Vorkontrolle zum Hauptversuch zu, und fiel in der Nachkontrolle wieder geringer aus. In der Literatur ist eine Potenzierung der Wirkung durch Sensibilisierung der Glutamatrezeptoren bei wiederholter Applikation kleiner Kainatkonzentrationen beschrieben (Löhrke & Deitmer 1996). Dieser Sensibilisierungseffekt kann die unterschiedlichen Depolarisationen in Vor- und

Nachkontrolle erklären, macht es aber unmöglich, eine konkrete Aussage zu der Frage zu treffen, ob die Malat-BEL hier einen kurzfristigen Effekt auf die Wirkung von Kainat hatte.

Im Versuch über mehrere Tage ergab sich folgendes Bild:

Tabelle 12: Kainat-induzierte E_m-Verschiebung (in mV) der Retzius-Neurone in den vier Aufbewahrungsmedien in Abhängigkeit von Kainatkonzentration und Alter des Präparats (je 1 min Applikation). Mittelwerte $\pm$ Standardabweichung aus $n = 3 - 5$ Versuchen (n in Klammern)

Tag nach Präparation	[Kainat] in µM	ΔE_m in mV			
		NSL	Glucose-NSL	Pyruvat-BEL	Malat-BEL
0	3	11,2 ± 4,3 (5)	9,3 ± 7,3 (4)	4,0 ± 4,2 (4)	2,2 ± 2,6 (5)
	10	16,8 ± 4,1 (5)	19,8 ± 6,2 (4)	13,3 ± 4,0 (4)	10,2 ± 4,4 (5)
	30	17,0 ± 4,4 (5)	23,5 ± 5,8 (4)	20,8 ± 7,4 (4)	13,6 ± 3,1 (5)
1	3	7,0 ± 8,9 (5)	5,7 ± 2,1 (3)	3,0 ± 3,2 (5)	2,8 ± 1,6 (5)
	10	18,6 ± 4,7 (5)	11,7 ± 7,2 (3)	19,6 ± 2,9 (5)	10,2 ± 2,1 (5)
	30	19,0 ± 5,0 (5)	14,7 ± 5,5 (3)	23,2 ± 4,7 (5)	19,4 ± 6,3 (5)
2	3	0,2 ± 0,5 (5)	0,8 ± 1,5 (4)	0 ± 1,0 (5)	1,0 ± 1,4 (4)
	10	4,0 ± 3,9 (5)	1,3 ± 1,9 (4)	12,6 ± 9,7 (5)	10,5 ± 5,8 (4)
	30	5,2 ± 3,1 (5)	1,8 ± 1,3 (4)	19,0 ± 9,9 (5)	19,7 ± 7,8 (4)
3	3	–	–	0,8 ± 1,6 (5)	2,7 ± 4,0 (4)
	10	–	–	10,4 ± 3,8 (5)	12,0 ± 3,0 (4)
	30	–	–	17,8 ± 6,5 (5)	17,7 ± 3,5 (4)
4	3	–	–	0 ± 0 (4)	0,7 ± 1,2 (3)
	10	–	–	0,5 ± 0,6 (4)	9,3 ± 5,5 (3)
	30	–	–	3,3 ± 1,7 (4)	17,7 ± 4,9 (3)
5	3	–	–	–	1,0 ± 2,7 (3)
	10	–	–	–	11,7 ± 5,0 (3)
	30	–	–	–	22,7 ± 1,5 (3)
6	3	–	–	–	1,5 ± 1,3 (4)
	10	–	–	–	9,0 ± 5,8 (4)
	30	–	–	–	16,3 ± 6,9 (4)
7	3	–	–	–	3,3 ± 2,9 (4)
	10	–	–	–	9,8 ± 6,2 (4)
	30	–	–	–	18,3 ± 11,5 (4)
8	3	–	–	–	0,3 ± 0,6 (3)
	10	–	–	–	5,3 ± 3,8 (3)
	30	–	–	–	12,0 ± 9,2 (3)
9	3	–	–	–	0 ± 0 (4)
	10	–	–	–	1,0 ± 1,4 (4)
	30	–	–	–	3,5 ± 3,3 (4)

Die beschriebene Dosis-Wirkungs-Beziehung besteht am Präparationstag in allen Lösungen.

Auffällig ist, dass die Antwort auf 3 μM Kainat in NSL und Glucose-NSL stärker ausgeprägt ist, als in Malat- und Pyruvat-BEL (Tab. 12).

Bei in NSL und Glucose-NSL aufbewahrten Ganglien blieb die beschriebene Dosis-Wirkungs-Beziehung einen Tag bestehen. An Tag 2 verringerte sich die Amplitude der Kainat-Antworten deutlich, die Dosis-Wirkungs-Kurve flachte ab und wurde beinahe linear (Abb. 18 & 19). Ab Tag 3 war keine messbare Reaktion auf die Applikation von Kainat mehr vorhanden.

Bei in Pyruvat-BEL aufbewahrten Ganglien blieb die Dosis-Wirkungs-Beziehung bis zum Tag 3 erhalten, wenn auch die Antwortamplituden mit der Zeit deutlich niedriger wurden (Abb. 20). An Tag 4 verringerte sich die Antwortamplituden deutlich, die Dosis-Wirkungs-Beziehung wurde beinahe linear. Ab Tag 5 war keine messbare Reaktion auf die Applikation von Kainat vorhanden.

Bei in Malat-BEL aufbewahrten Ganglien blieb die Dosis-Wirkungs-Beziehung bis zu Tag 7 erhalten, wenn auch die Amplituden mit der Zeit niedriger wurden (Abb. 21). An Tag 8 und 9 verringerten sich die Antwortamplituden deutlich, die Dosis-Wirkungs-Beziehung flachte ab und wurde beinahe linear. An Tag 10 war keine messbare Reaktion auf die Applikation von Kainat mehr vorhanden.

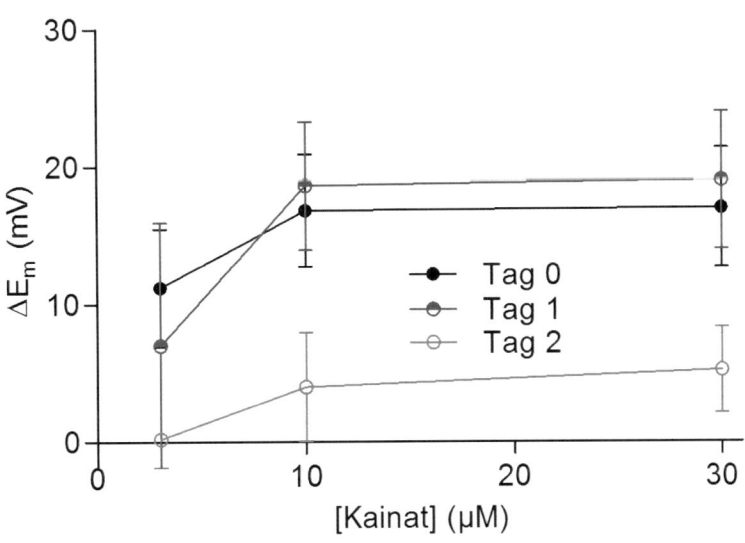

Abbildung 18: Kainat-induzierte E_m-Verschiebung der Retzius-Neurone in NSL bei Präparaten verschiedenen Alters in Abhängigkeit von der Kainatkonzentration (je 1 min Applikation). Mittelwerte & Standardabweichung aus $n = 5$ Versuchen. Daten aus Tab. 12.

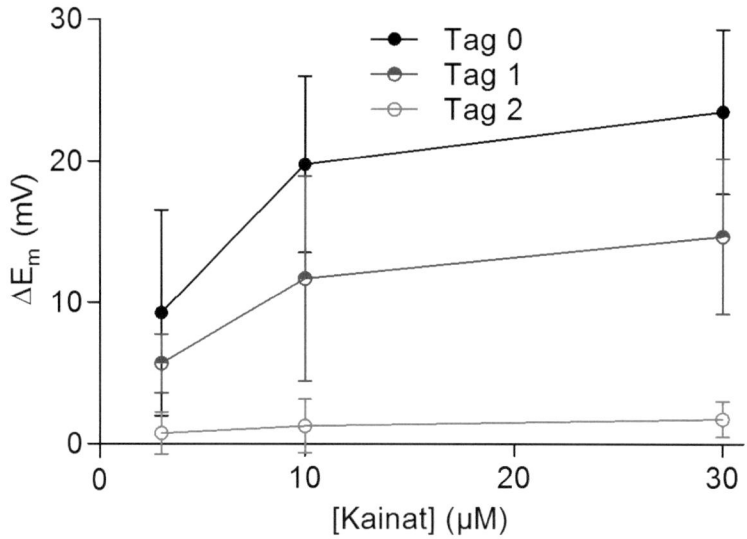

Abbildung 19: Kainat-induzierte E_m-Verschiebung der Retzius-Neurone in Glucose-NSL bei Präparaten verschiedenen Alters in Abhängigkeit von der Kainatkonzentration (je 1 min Applikation). Mittelwerte & Standardabweichung aus n = 3 oder 4 Versuchen. Daten aus Tab. 12.

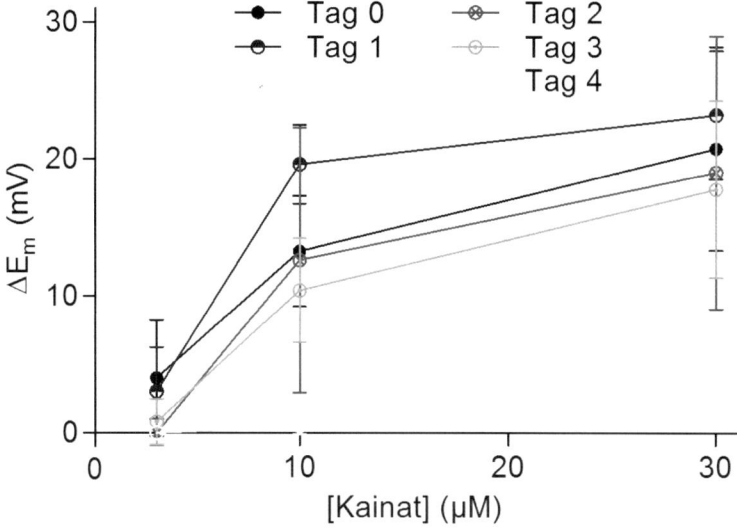

Abbildung 20: Kainat-induzierte E_m-Verschiebung der Retzius-Neurone in Pyruvat-BEL bei Präparaten verschiedenen Alters in Abhängigkeit von der Kainatkonzentration (je 1 min Applikation). Mittelwerte & Standardabweichung aus n = 4 oder 5 Versuchen. Daten aus Tab. 12.

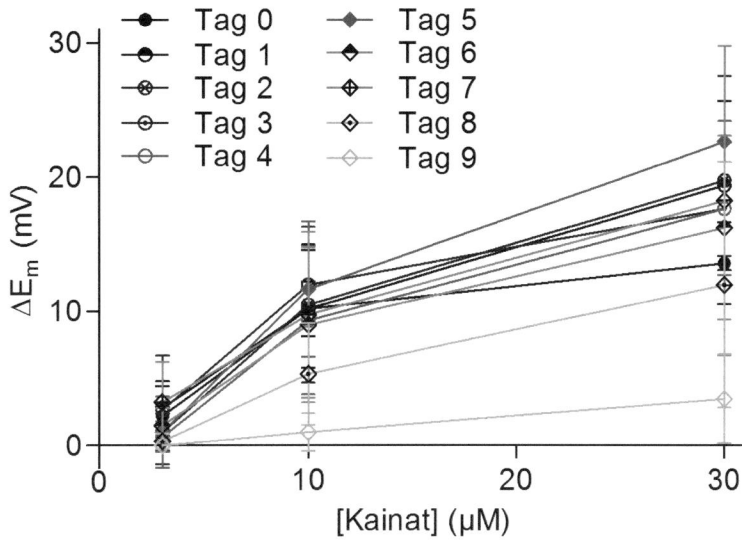

Abbildung 21: Kainat-induzierte E_m-Verschiebung der Retzius-Neurone in Malat-BEL bei Präparaten verschiedenen Alters in Abhängigkeit von der Kainatkonzentration (je 1 min Applikation). Mittelwerte & Standardabweichung aus $n = 3 – 5$ Versuchen. Daten aus Tab. 12.

Ziel dieser Variante des Versuches was es, den Einfluss des Alters der Präparate auf die Wirkung von Kainat in den vier Aufbewahrungsmedien zu bestimmen. Es wurde festgestellt, dass die Dosis-Wirkungs-Beziehung der Kainat-Antwort in NSL und Glucose-NSL einen Tag, in Pyruvat-BEL 3 Tage und in Malat-BEL 7 Tage bestehen bleibt.

3.2 Morphologische Veränderungen der Segmentalganglien

3.2.1 Konsistenz und mechanische Eigenschaften

Die Konsistenz der Segmentalganglien war vom Aufbewahrungsmedium und dem Alter der Präparate abhängig. Bei frisch präparierten Ganglien waren die Konnektive elastisch und ließen sich gut spannen. Die Kapsel über dem Ganglion selbst war fest, der Einstich der Elektrode war möglich, ohne dass das Bindegewebe unter der Elektrodenspitze sichtbar nachgab.

Bei in NSL und Glucose-NSL aufbewahrten Segmentalganglien wurde die Bindegewebskapsel innerhalb weniger Tage merkbar weicher. Einen Tag bis zwei Tage nach der Präparation war die Oberfläche gummiartig-elastisch verformbar. Beim Einstich wurde oft eine leichte Eindellung unter der Elektrodenspitze erkennbar. Nach drei Tagen ging die elastische zunehmend in eine plastische Verformbarkeit über. Mit der Elektrodenspitze in das Ganglion gedrückte Einbuchtungen blieben häufig auch noch mehrere Sekunden nach Rückzug der Elektrode sichtbar. Zudem begannen die Zellen beim Einstichversuch unter dem Bindegewebe zu rutschen. Der Anstich der Neuropil-

Gliazelle war schon ab Tag 2 nicht mehr möglich. Die Elastizität von Seitenwurzeln und Konnektiven ließ über die Zeit nach, bis sie nach vier Tagen gänzlich unelastisch waren. Zudem wurde sie zunehmend mürbe, sodass sie beim Spannen gelegentlich rissen.

In Pyruvat-BEL aufbewahrte Ganglien blieben über 2 Tage hinweg fest, die Seitenwurzeln und Konnektive elastisch. Ab Tag 3 wurde die Kapsel über dem Ganglion merklich elastisch verformbar. Die Ganglien blieben bis Tag 6 elastisch, das Spannen von Konnektiven und Seitenwurzeln sowie der Einstich in die oberflächennahen Neuronen war problemlos möglich. Der Einstich in die Neuropil-Gliazelle war ab Tag 2 zunehmend schwieriger und ab Tag 4 nicht mehr möglich.

In Malat-BEL aufbewahrte Ganglien blieben über 5 Tage hinweg fest, die Seitenwurzeln und Konnektive elastisch. Ab Tag 6 wurde die Kapsel über dem Ganglion merklich elastisch verformbar. Die Ganglien blieben bis Tag 10 elastisch, das Spannen von Konnektiven und Seitenwurzeln sowie der Einstich in die oberflächennahen Neuronen war problemlos möglich. Der Einstich in die Neuropil-Gliazelle war ab Tag 5 zunehmend schwieriger und ab Tag 7 nicht mehr möglich.

3.2.2 Eintrübung der Bindegewebskapsel

Die Transparenz der Bindegewebskapsel der Segmentalganglien war vom Aufbewahrungsmedium und dem Alter der Präparate abhängig (Abb. 22). Kurz nach der Präparation war das Bindegewebe der Ganglien transparent und klar, die Zellen im Inneren deutlich erkennbar.

Bei in NSL und Glucose-NSL aufbewahrten Ganglien trübte die äußere Kapsel im Verlauf von vier Tagen zusehends ein. Die Ganglien wurden zunehmend undurchsichtig, die Konturen der Zellkörper im Inneren waren immer schwerer auszumachen. Abweichend von den Ergebnissen von Falkenberg (2009) blieben die Retzius-Zellen auch über Tag 3 hinaus im Durchlicht identifizierbar, sofern durch mehrere Ebenen hindurchfokusiert wurde.

Die Bindegewebskapsel von in Pyruvat-BEL aufbewahrten Ganglien blieb einen Tag transparent und begann ab Tag 2 einzutrüben. Ab Tag 3 waren die Konturen der Zellen im Inneren immer schwieriger auszumachen. Ab Tag 7 war in den meisten Fällen keine der Zellen mehr klar erkennbar.

Bei in Malat-BEL aufbewahrten Ganglien kam es bis zu Tag 7 zu keiner sichtbaren Eintrübung der Kapsel. Ab Tag 8 kam es in einigen Fällen zu einer leichten Trübung, die aber die Erkennbarkeit der Zellen kaum einschränkte. Bei der Mehrheit der Ganglien trat ab Tag 9 ein starker Verlust der Transparenz auf, der das Anstechen der Neuronen deutlich erschwerte. Die Zellenkonturen blieben meist bis Tag 10, in einigen Fällen bis Tag 12 verschwommen erkennbar.

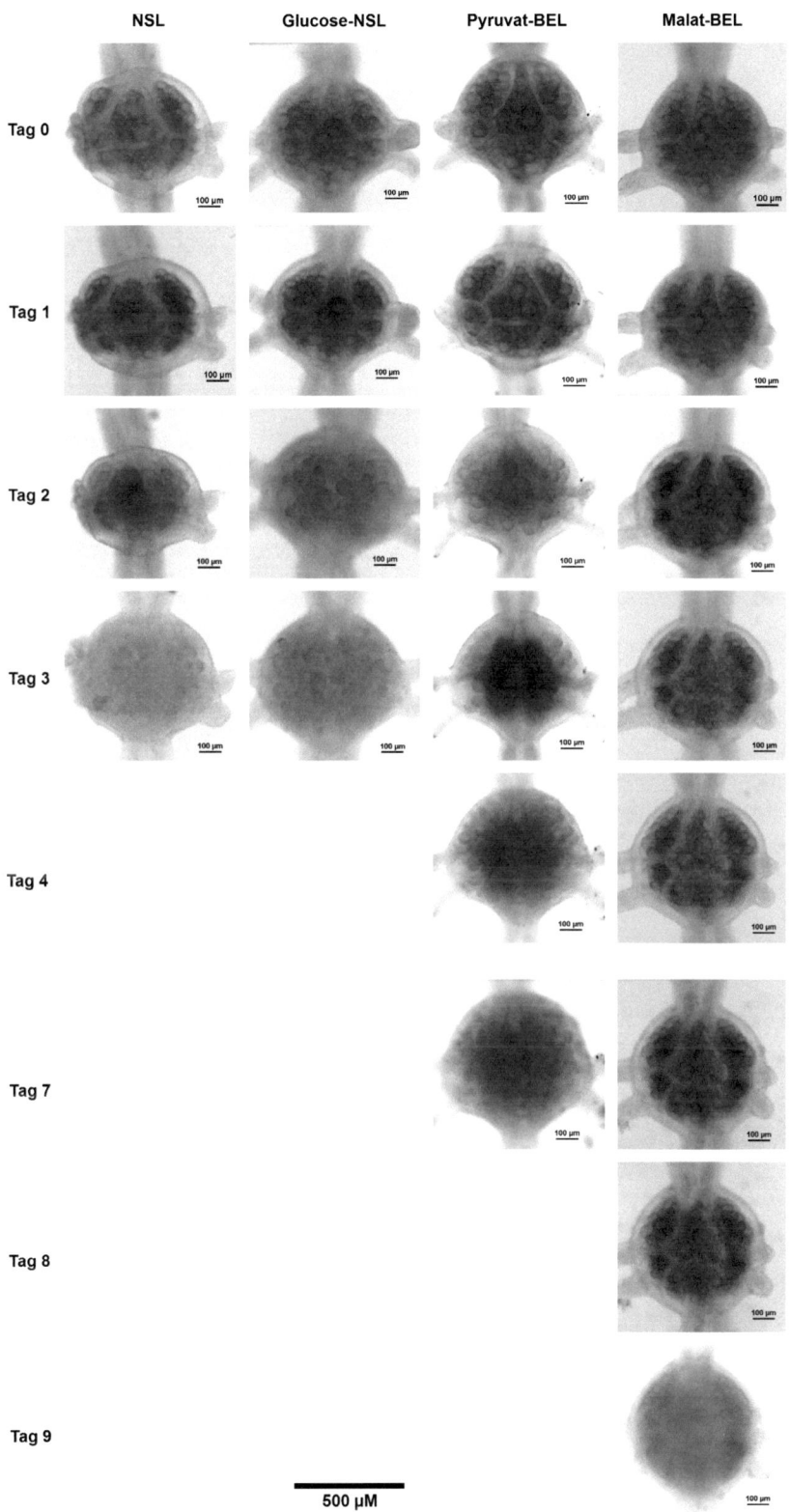

Abbildung 22: Eintrübung der Bindegewebskapsel in den vier Aufbewahrungslösungen in Abhängigkeit vom Alter des Präparats. Durchlichtaufnahmen von ventral bei 40-facher Vergrößerung.

41

4 Diskussion

4.1 Zielsetzung der Arbeit & Zusammenfassung der Versuchsergebnisse

Es wurde die Wirkung von vier verschiedenen Lösungen zur Aufbewahrung isolierter Blutegel-Segmentalganglien auf die elektrophysiologischen Eigenschaften von Retzius und Leydig-Neuronen sowie von Neuropil-Gliazellen in Abhängigkeit vom Alter der Präparate untersucht. Die hierbei primär erfassten und analysierten Parameter waren das Ruhemembranpotential, die Bildung von Aktionspotentialen, sowie die Verschiebung des Membranpotentials bei Verzehnfachung der extrazellulären K^+-Konzentration, der Applikation von $1 - 30$ μM Kainat und der Applikation von 1 mM Serotonin.

Ferner wurde der strukturelle Zustand isolierter Segmentalganglien in Abhängigkeit von Aufbewahrungslösung und Alter untersucht. Dazu wurde die lichtmikroskopisch erfassbare Morphologie der Bindegewebskapsel der Ganglien und der Verlust der mechanischen Stabilität dokumentiert.

Die Versuchsergebnisse lassen sich folgendermaßen zusammenfassen:

In Normalsalzlösung bilden Retzius- und Leydig-Neurone von isolierten Segmentalganglien nur am Präparationstag spontane Aktionspotentiale. Das Ruhemembranpotential und die E_m-Verschiebung bei Applikation von Testlösungen mit 40 mM K^+, $1 - 30$ μM Kainat und 1 mM 5-HT sind über einen Tag lang stabil. Nach zwei Tagen kommt es zu einer deutlichen Abnahme des Ruhemembranpotential. Transparenz der Bindegewebskapsel und mechanische Stabilität lassen innerhalb von 2 Tagen stark nach.

10 mM Glucose im Medium hat keinen Effekt auf die Haltbarkeit isolierter Segmentalganglien, und keinen Einfluss auf die Wirkung von erhöhter K^+-Konzentration, Kainat und Serotonin.

5 mM Pyruvat im Medium verlängert die Bildung spontaner Aktionspotentiale auf 2 Tage und erhält Membranpotential und Reaktion der Zellen auf die Applikation der Testlösungen über 3 Tage stabil. Es erhält Transparenz und mechanische Belastbarkeit der Ganglien über 2 Tage.

15 mM Malat im Medium verlängert die Bildung spontaner Aktionspotentiale auf 7 Tage und erhält Membranpotential und Reaktion der Zellen auf die Applikation der Testlösungen über 8 Tage relativ stabil. Es erhält Transparenz und mechanische Belastbarkeit der Ganglien über 8 Tage.

Sowohl Pyruvat als auch Malat sind also geeignet, die Haltbarkeit isolierter Segmentalganglien zu verlängern. Glucose hatte dagegen keinen Effekt.

Organische Säurereste die die Haltbarkeit von Segmentalganglien verlängern sind somit nach derzeitigem Erkenntnisstand: Citrat, Succinat, Fumarat, Pyruvat und Malat. Die Beobachtungen legen nahe, dass diese Substanzen von den Ganglien aufgenommen und verstoffwechselt werden können.

4.2 Stoffaufnahme und Energiestoffwechsel in Segmentalganglien des Blutegels

Die Kapsel der Segmentalganglien ist von einer Schicht aus Endothelzellen umgeben, unter der eine kompakte Basallamina liegt. Unter der Basallamina befindet sich das Bindegewebe, eine dichte, mehrere μM dicke Matrix collagenähnlicher Fibrillen, die die Neuronenpakete und das Neuropil umschließt. Die Feinstruktur der Endothelzellen legt nahe, dass sie am aktiven Substanzaustausch zwischen Blutgefäßen und Nervensystem beteiligt sind. In elektronenmikroskopischen Untersuchungen zeigen sich an den zum Blutgefäß gewandten freien Oberflächen zahlreiche kleine Invaginationen und Pinocytosevesikel (Coggeshall & Fawcett 1964, van Harreveld et al. 1969).

Die Endothelzell-Schicht des Egels ähnelt somit anatomisch dem Endothel der Blut-Hirn-Schranke bei Wirbeltieren, die über verschiedene Membrantransportprozesse den Übergang von Substanzen aus dem Blutkreislauf in das Zentralnervensystem kontrolliert (Nicholls et al. 2002). Physiologische Untersuchungen zeigen jedoch, dass die Ganglionkapsel selbst für Makromoleküle mit einem Molekulargewicht von 15.000 keine Diffusionsbarriere darstellt. (Nicholls & Kuffler 1964, Nicholls & Wolfe 1967).

Die Aufnahme von Glucose in Zellen erfolgt über verschiedene membranständige Glucosetransporter. Es existiert die Hypothese, dass im ZNS von Säugetieren Glucose in den Astrocyten in Laktat konvertiert wird, das von Neuronen aufgenommen und verstoffwechselt wird ("astrocyte-neuron lactate shuttle"; Pellerin et al. 2007). Im Egel gibt Hinweise auf eine Ernährungsfunktion der Gliazellen für die Neurone. Glycogen-Einschlüsse finden sich in verschiedenen Zellen des Nervensystems, sind aber in Gliazellen besonders ausgeprägt (Sawyer 1986). Das Glycogen in den Gliazellen stellt eine endogene Energiequelle der Ganglien dar. Glucose im Medium führt zum Anstieg des Glycogengehalts, verstärkte neuronale Aktivität steigert die Glycogensynthese (Pennington & Pentreath 1988). Zudem befinden sich in den Neuropil-Gliazellen markante Fetteinschlüsse (Riehl & Schlue 1998).

Andererseits gibt es auch Hinweise darauf, dass im Blutegel-ZNS die Gliazellen zur Ernährung der

Neurone nicht erforderlich sind. Gliazellen sind für die Glycogeneinlagerung nicht essentiell. Isolierte Neurone sind in der Lage, Glucose im Medium innerhalb weniger Minuten in Glycogen zu konvertieren (Sawyer 1986).

Citrat, Succinat, Fumarat und Malat sind Bestandteile des Citratzyklus.

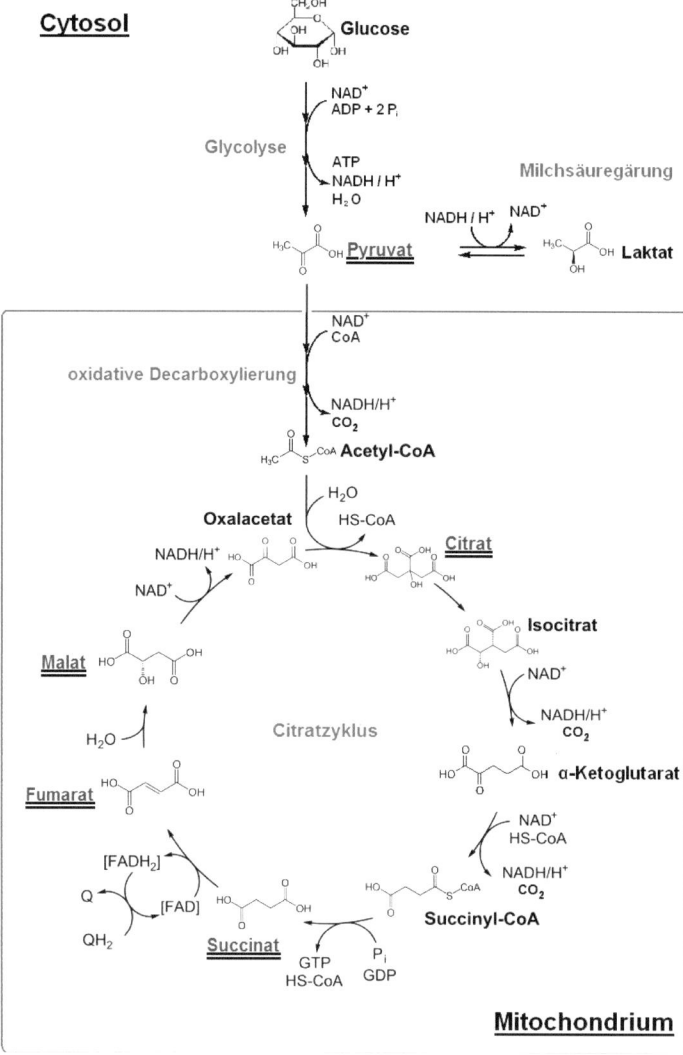

Abbildung 23: Schematische Darstellung relevanter Komponenten des Glucose-Metabolismus (nach Alberts et al. 2002). Die Darstellung ist nicht stöchiometrisch. Säurereste sind in protonierter Form gezeigt. Substanzen, die die Haltbarkeit von Segmentalganglien verlängern sind doppelt unterstrichen.

Der Citratzyklus ist ein zentraler Kreislauf im Energiestoffwechsel aerober Organismen, der bei Eukaryoten in der Mitochondrienmatrix abläuft. Er dient sowohl der Regeneration von Reduktionsäquivalenten (NADH und $FADH_2$), die der Atmungskette zugeführt werden, als auch der Produktion von energiereichem Guanosintriphosphat (GTP) und der Bereitstellung von

Ausgangsstoffen für die Biosynthese verschiedener Substanzen. Somit spielt er eine zentrale Rolle sowohl im Anabolismus als auch im Katabolismus von Organismen. Im Citratzyklus wird Acetat in Form von Acetyl-Coenzym A (Acetyl-CoA) über mehrere Zwischenschritte zu CO_2 und H_2O abgebaut. Zwischenprodukte des Citratzyklus können auch von außen in den Zyklus eintreten. Eine solche Aufnahme in den Zyklus bezeichnet man als anaplerotisch (Alberts et al. 2002).

Pyruvat wird im letzten Schritt der im Cytosol stattfindenden Glykolyse aus Glucose gebildet. Es wird über den Pyruvat/H+-Symporter in die Mitochondrienmatrix transportiert und dort im Zuge der oxidativen Decarboxylierung vom Pyruvatdehydrogenase-Komplex in Acetyl-CoA umgesetzt. In dieser Form steht es dem Citratzyklus zur Verfügung (Alberts et al. 2002).

4.3 Die Hypothese der anaplerotische Aufnahme organischer Säurereste

Von Zokoll (2010) wurde die Hypothese formuliert, dass die anaplerotische Aufnahme von organischen Säureresten in den Citratzyklus für die verlängerte Haltbarkeit der isolierten Segmentalganglien verantwortlich ist. Somit käme ihnen eine Ernährungsfunktion zu. Diese Erklärung scheint bei Betrachtung der wirksamen Substanzen einleuchtend. Es stellt sich allerdings die Frage, warum Pyruvat eine erhaltende Wirkung auf die Ganglien hat, Glucose und Laktat aber nicht. Pyruvat als Endprodukt der Glykolyse wird im Mitochondrium zu Acetyl-CoA umgebaut und so in den Citratzyklus eingeschleust. Glucose wird in der Glykolyse letztendlich zu Pyruvat konvertiert. Pyruvat kann von der Lactatdehydrogenase anaerob zu Laktat umgesetzt werden. Die Reaktion ist unter physiologischen Bedingungen reversibel (Alberts et al. 2002).

Eine mögliche Erklärung kann lauten, dass die Glykolyse in isolierten Ganglien unter den gegebenen Bedingungen reduziert oder eingestellt wird, und so kein nennenswerter Umbau von Glucose zu Pyruvat mehr möglich ist. Parallel könnte auch die Umsetzung von Laktat zu Pyruvat blockiert sein (Zokoll 2010). Eine andere Erklärung ist, dass Glucose unter den gegebenen Bedingungen nicht in das Ganglion aufgenommen wird. Beide Erklärungsansätze widersprechen allerdings den Ergebnissen von Pennington & Pentreath (1988), wonach im Medium vorhandene Glucose sehr wohl zur Energieversorgung der Ganglien mobilisiert wird. Zudem verfügen Segmentalganglien über einen erheblichen Energievorrat (siehe 4.2), der einen Bedarf an energiereichen Metaboliten schon einen Tag nach der Präparation unwahrscheinlich erscheinen lässt.

In Abwesenheit eines anderen Ansatzes bleibt das Einschleusen organischer Säurereste in den Citratzyklus dennoch die beste Hypothese zur Erklärung der Verlängerung der Haltbarkeit.

5   Zusammenfassung

- Es wurde die Wirkung von Glucose, Pyruvat und Malat auf Funktion und Lebensdauer von Segmentalganglien des Zentralnervensystems des Blutegels untersucht. Hierzu wurden isolierte Segmentalganglien von *Hirudo verbana* in Lösungen mit 10 mM Glucose, 5 mM Pyruvat, 15 mM Malat, bzw. einer Lösung, die frei von diesen Substanzen war, aufbewahrt. Zu definierten Zeiten wurden die elektrophysiologischen Parameter von Retzius- und Leydig-Neuronen, sowie von Neuropil-Gliazellen bestimmt. Darüber hinaus wurde die mechanische Konsistenz und die lichtmikroskopisch erfassbare Morphologie der Segmentalganglien dokumentiert.

- In einer Lösung, die frei von Glucose, Pyruvat und Malat ist, beträgt die Lebensdauer isolierter Segmentalganglien etwa einen Tag.

- Glucose hat keinen Einfluss auf die Lebensdauer der Ganglien und keinen Effekt auf die elektrophysiologischen Eigenschaften von Neuronen im ZNS des Egels

- Pyruvat ist geeignet, die Haltbarkeit isolierter Segmentalganglien auf ~ 2 Tage zu verlängern.

- Malat ist geeignet, die Haltbarkeit isolierter Segmentalganglien auf ~ 7 Tage zu verlängern.

- Pyruvat und Malat haben keinen oder nur einen geringen Einfluss auf die elektrophysiologischen Eigenschaften von Neuronen im ZNS des Egels.

- Organische Säurereste, die die Haltbarkeit von Segmentalganglien verlängern sind somit: Citrat, Succinat, Fumarat (Zokoll 2010), Pyruvat und Malat.

- Die Wirkungslosigkeit von Glucose lässt vermuten, dass isolierte Segmentalganglien die Glykolyse nicht nutzen können, um ausreichend Pyruvat zur Energieversorgung zu produzieren. Ebenso scheint die Bildung von Pyruvat aus Laktat unzureichend zu sein (Zokoll 2010).

- Die Wirkung von von Pyruvat beruht wahrscheinlich darauf, dass die Substanz durch oxidative Decarboxylierung in Acetyl-CoA umgewandelt und weiter im Citratzyklus verstoffwechselt wird.

- Die Wirkung von Malat sowie die Ergebnisse von Falkenberg (2009) und Zokoll (2010) zeigen, dass extern angebotene Komponenten des Citratzyklus geeignet sind, die Haltbarkeit isolierter Segmentalganglien drastisch zu verlängern. Es ist anzunehmen, dass diese Substanzen von den Zellen der Ganglien aufgenommen und anaplerotisch in den Citratzyklus integriert werden, womit ihnen eine Funktion in der Energieversorgung zukommt.

6 Literatur- & Quellenverzeichnis

Alberts B, Bray D, Hopkin K, Johnson A, Lewis J, Raff M, Roberts K, Walter P (2005) Lehrbuch der Molekularen Zellbiologie. Wiley, Weinheim, 3. Aufl.: 453-470

Arbas EA, Calabrese RL (1990) Leydig neuron activity modulates heartbeat in the medicinal leech. J Comp Physiol A 167: 665-71.

Boroffka I (1968) Osmo- und Volumenregulation bei Hirudo medicinalis. Z vergl Physiol 57: 348-375

Carretta M (1988) The Retzius cells in the leech: a review of their properties and synaptic connections. Comp Biochem Physiol A 91: 405-413

Coggeshall RE, Fawcett DW (1964) The fine structure of the central nervous system of the leech, Hirudo medicinalts. J Neurophysiol 27: 229-289

Dingledine R, Borges K, Bowie D, Traynelis S F (1999) The Glutamate Receptor Ion Channels. Pharmacol. Rev. 51: 7–61

Dörner R, Zens M, Schlue WR (1994) Effects of glutamatergic agonists and antagonists on membrane potential and intracellular Na+ activity of leech glial and nerve cells. Brain Res 665: 47-53

Falkenberg M (2009) Einfluss der Blutersatzlösung nach Zerbst-Boroffka auf die elektrophysiologischen Eigenschaften von Retzius-Neuronen im ZNS des Blutegels. Bachelor-Arbeit, Heinrich-Heine-Universität Düsseldorf

Fuchs PA, Nicholls JG, Ready DF (1981) Membrane properties and selective connexions of identified leech neurones in culture. J Physiol 316: 203-223

Gillon JW, Wallace BG (1984) Segmental variation in the arborization of identified neurons in the leech central nervous system. J Comp Neurol 228: 142-148

Hagiwara S, Morita H (1962) Electrotonic transmission between two nerve cells in leech ganglion. J Neurophysiol 25: 721-731

Hildebrandt JP, Oeschger R (1987) Konzentrationen organischer Säurereste im Blut des Blutegels in Abhängigkeit von Sauerstoffverfügbarkeit und Umgebungstemperatur. Verh Dt Zool Ges 80: 212-213

Hildebrandt JP, Zerbst-Boroffka I (1992) Osmotic and ionic regulation during hypoxia in the medicinal leech, Hirudo medicinalis L. J exp Zool 263: 374-381

Hoeger U, Wenning A, Greisinger U (1989) Ion homeostasis in the leech: contribution of organic ions. J exp. Biol 147: 43-51

Huettner JE (2003) Kainate receptors and synaptic transmission. Prog Neurobiol 70 (5): 387–407

Klinke R, Pape H-C, Silbernagl S (2005) Physiologie. Thieme, Stuttgart 5. Aufl.: 129-130

Kristan WB, Calabrese R L, Friesen W O (2005) Neuronal control of leech behavior. Prog Neurobiol 76: 279–327

Kuffler SW, Potter D D (1964) Glia in the leech central nervous system: physiological properties and neuron-glia relationship. J Neurophysiol 27: 290-320

Leibovitz A (1963) The growth and maintenance of tissue-cell cultures in free gas exchange with the Atmosphere. Am J Hyg 78: 173-180

Lent CM (1985) Serotonergic modulation of the feeding behavior of the medicinal leech. Brain Res Bull 14 :643-655

Lohr C (1998) Calciumsignale in den Riesengliazellen des Blutegels Hirudo medicinalis L. Dissertation, Universität Kaiserslautern

Löhrke S, Deitmer JW (1996) Kainate responses of leech Retzius neurons in situ and in vitro. J Neurobiol 31: 345-358

Lucht M (1998) Elektrophysiologische und pharmakologische Charakterisierung von 5-Hydroxytryptamin-Rezeptoren und second-messenger-Kaskaden bei identifizierten Neuronen des Blutegel-Nervensystems. Dissertation, Heinrich-Heine-Universität Düsseldorf

Mehlhorn H, Piekarski G (2002) Grundriß der Parasitenkunde. Spektrum, Heidelberg, 6. Aufl.: 362-369

Miyazaki S, Nicholls J G, Wallace B G (1975) Modification and regeneration of synaptic connections in cultured leech ganglia. Symp Quant Biol 40: 483–493

Miyazaki S, Nicholls JG (1976) The properties and connections of nerve cells in leech ganglia maintained in culture. Proc R Soc Lond B 194: 295–311

Morton HJ (1970) A survey of commercially available tissue culture media. In Vitro 6: 89-108.

Muller KJ, Nicholls JG, Stent GS (1981) Neurobiology of the Leech. Cold Spring Harbour Laboratory, New York, 1st ed.: 277-288

Munsch T, Schlue WR (1993) Intracellular chloride activity and the effect of 5-hydroxytryptamine on the chloride conductance of leech Retzius neurons. Eur J Neurosci 5: 1551-1557

Nicholls JG (1987) The Search for Connections: Studies of Regeneration in the Nervous System of the Leech. Sinauer, Sunderland USA: 21-22

Nicholls JG, Baylor DA (1968) Specific modalities and receptive field of sensory neurons in the CNS of the leech. J Neurophysiol 31: 740-756.

Nicholls JG, Kuffler SW (1964) Extracellular space as a pathway for exchange between blood and neurons in the central nervous system of the leech: ionic composition of glial cells and neurons. J Neurophysiol 27: 645-671.

Nicholls JG, Liu Y, Payton BW, Kuffler DP (1990) The specificity of synapse formation by identified leech neurons in culture. J exp Bio. 153: 141–154

Nicholls JG, Martin AR, Wallace BG (2002) Vom Neuron zum Gehirn. Spektrum, Heidelberg, 1. Aufl.: 178 ff

Nicholls JG, van Essen D (1974) The nervous system of the leech. Sci Am 230(1): 38-48

Nicholls JG, Wolfe DE (1967) Distribution of 14C-labeled sucrose, inulin, and dextran in extracellular spaces and in cells of the leech central nervous system. J Neurophysiol 30: 1574-1592

Nieczaj R, Zerbst-Boroffka I (1993) Hyperosmotic acclimation in the leech Hirudo medicinalis L.: energy metabolism, osmotic, ionic and volume regulation. Comp Biochem Physiol 106A:595-602

Pellerin L, Bouzier-Sore A-K, Aubert A, Serres S, Merle M, Costalat R, Magistretti PJ (2007) Activity-Dependent Regulation of Energy Metabolism by Astrocytes: An Update. Glia 55:1251–1262

Pennington AJ, Pentreath VW (1988) Energy utilization and gluconeogenesis in isolated leech segmental ganglia: Quantitative studies on the control and cellular localization of endogenous glycogen. Neurochem Int 12(2): 163-177

Puhl JG, Mesce KA (2010) Keeping It Together: Mechanisms of Intersegmental Coordination for a Flexible Locomotor Behavior. J Neurosci 30(6): 2373–2383

Ready DF, Nicholls JG (1979) Identified neurones isolated from leech CNS make selective connections in culture. Nature 281: 67-69.

Retzius G (1891) Zur Kenntnis des centralen Nervensystems der Würmer. Biol Untersuch NF 2: 1-18

Riehl B, Schlue WR (1998) Morphological organization of neuropile glial cells in the central nervous system of the medicinal leech (Hirudo medicinalis). Tissue & Cell 30 : 177-186

Sachs L (1999) Angewandte Statistik. Springer, Berlin, 9, Aufl.: 210 ff

Sawyer RT (1986) Leech Biology and Behaviour. Oxford Univ. Pr., Oxford, 1st ed.: 163 ff

Schmidt H, Zebst-Boroffka I (1993) Recovery after anaerobic metabolism in ther leech (Hirudo medicinalis L.). J Comp Physiol B 163: 574-580

Siddall ME, Trontelj P, Utevsky S, Nkamany M, Macdonald KS (2007) Diverse molecular data demonstrate that commercially available medicinal leeches are not Hirudo medicinalis. Proc R Soc

B (Proc Biol Sci) 274: 1481–1487

Trontelj P, Sotler M, Verovnik R (2004) Genetic differentiation between two species of the medicinal leech, Hirudo medicinalis and the neglected H. verbana, based on random-amplified polymorphic DNA. Parasitol Res 94: 118–124

van Harreveld A, Khattab FI, Steiner J (1969) Extracellular space in the central nervous system of the leech, Mooreobdella fervida. J Neurobiol 1: 23-40.

Walz W, Schlue WR (1982) Ionic mechanism of a hyperpolarizing 5-hydroxytryptamine effect on leech neuropile glial cells. Brain Res 250: 111-121

Wenning A, Hoeger U (1987) Concentration and distribution of organic anions in the blood of the leech, Hirudo medicinalis L. during osmotic stress. Verh Dt Zool Ges 80: 231

Wenning A, Zerbst-Boroffka I, Bazin B (1980) Water and salt excretion in the leech (Hirudo medicinalis L.). J Comp Physiol B 139: 97-102

Wüsten HJ (2003) Zellvolumen-Regulation und Änderungen intrazellulärer Ionenkonzentrationen in Retzius- und P-Neuronen des medizinischen Blutegels. Dissertation, Heinrich-Heine-Universität Düsseldorf

Zebe E, Salge U, Wiemann C, Wilps H (1981) The energy metabolism of the leech Hirudo medicinalis in anoxia and muscular work. J exp Zool 218: 157-163

Zerbst-Boroffka I (1970) Organische Aminosäuren als wichtigste Anionen im Blut von Hirudo medicinalis. Z vergl Physiol 70: 313-321

Zerbst-Boroffka I, Wenning A, Bazin B (1982) Primary urine formation during diuresis in the leech, Hirudo medicinalis L. J Comp Physiol B 146: 75-79

Zokoll N (2010) Wirkung von Citrat, Fumarat, Succinat und Laktat auf das elektrophysiologische Verhalten der Retziuszellen im ZNS des Blutegels. Bachelor-Arbeit, Heinrich-Heine-Universität Düsseldorf

7 Anhang

Abkürzungsverzeichnis

5-HT	Serotonin (5-Hydroxytryptamin)
Abb.	Abbildung
AP	Aktionspotential
BEL	Blutersatzlösung
CCD	charge-coupled device, hier: lichtempfindlicher Fotosensor; CCD-Kamera: übliche Digitalkamera
E_{Cl}	Chloridpotential
E_m	Membranpotential
FBS	fötales Kälberserum (Fetal Bovine Serum)
GHK-Gleichung	Goldman-Hodgkin-Katz-Gleichung
HEPES	2-(4-(2-Hydroxyethyl)-1-piperazinyl)-ethansulfonsäure (Puffersubstanz)
M	molar ($\hat{=}$ mol / l)
NSL	Normalsalzlösung (modifizierte Ringerlösung)
Tab.	Tabelle
ZNS	Zentralnervensystem

Hersteller & Bezugsquellen

Tabelle 13: Chemikalien & Verbrauchsmaterial. Handelsnamen & Hersteller / Bezugsquellen.

Chemikalie / Verbrauchsmaterial	Handelname	Hersteller / Bezugsquelle
NaCl	AnalaR NORMAPUR Sodium chloride	VWR Int., Leuven, B
KCl	AnalaR NORMAPUR Potassium chloride	VWR Int., Leuven, B
	Kaliumchlorid p.a.	Grüssing, Filsum, D
$CaCl_2$	Calcium chloride dihydrate p.a.	Acros Organics, Geel, B
$MgCl_2$	Magnesiumchlorid • 6 H2O p.a.	Grüssing, Filsum, D
K_2SO_4	Potassium Sulfate	J.T. Baker, Deventer, NL
NaOH	Natriumhydroxid Plätzchen zur Analyse	Merck, Darmstadt, D
KOH	Kaliumhydroxid Pläthcen Ph. Eur.	Sigma-Aldrich, Seelze, D
HEPES	HEPES Pufferan p.a. f. d. Gewebezucht	Carl Roth, Karlsruhe, D
	HEPES Pufferqualität	AppliChem, Darmstadt, D
Glucose	Glucose-Monohydrat Ph. Eur.	Caelo, Hilden, D
Malat	L(-)-Äpfelsäure reinst	AppliChem, Darmstadt, D
Pyruvat	GIBCO Sodium Pyruvate 100 mM	Invitrogen, Carlsbad USA
5-HT	Serotonin creatinine sulfate complex	Sigma-Aldrich, St. Louis, USA
Kainat	Kainic acid	Biotrend, Wangen, CH
Wasseraufbereitungsmittel	TetraAqua AquaSafe	Tetra, Melle, D
Silikonkautschuk	Sylgard 184 silicone elastomer	Dow Corning, Midland, USA
Hart-Klebewachs	Deiberit 502	Böhme & Schöps Dental, Goslar, D
Glaskapillaren	GC150F-15 borosillicate capillaries	Harvard Apparatus, Edenbridge, UK
Silberdraht	Feinsilber Draht 0,5 mm	Wieland Edelmetalle, Pforzheim, D
Spritzenfilter	Rotilabo Spritzenfilter 0,22 µm	Carl Roth, Karlsruhe, D
Blutegel	Medizinischer Blutegel: *Hirudo medicinalis/verbana/orientalis*	Biebertaler Blutegelzucht, Biebertal, D

Tabelle 14: Geräte. Typenbezeichnungen & Hersteller.

Gerät	Typenbezeichnung	Hersteller
Binokular (Präparation)	Typ 355110	Wild, Heerbrugg, CH
Binokular (Messstand)	ohne Bezeichnung	hund, Wetzlar, D
Rollenpumpe	503 S	Watson-Marlow, Falmouth, UK
Elektrodenverstärker	Eigenbau	Elektronik-Entwicklung HHU D'dorf
Digitizer / A/D-Wandler	Digidata 1322A	Axon Instruments, Union City, USA
Papierschreiber	Dash II model MAT	Astro-Med, West Warwick, USA
Oszilloskop	PM 3335	Philips, Amsterdam, NL
Manipulator, mechanisch	Typ 115	Leitz, Wetzlar, D
Mikroskop m. CCD-Kamera	Eclipse 90i mit DS-2Mv	Nikon, Tokio, JA
Vertikalpuller	PE-2	Narishige, Tokio, JA
Laborwaage	MXX-612	Denver Instrument, Denver, USA
Analysewaage	Typ 1601 004	Sartorius, Göttingen, D
pH-Meter	Φ40	Beckman, Fullerton, USA
Osmometer	Model 210	Fiske, Norwood, USA

Tabelle 15: Software. Bezeichnung & Hersteller.

Software	Programmbezeichnung	Hersteller
Mikroskopsteuerung / Imaging	NIS-Elements AR 3.1	Laboratory Imaging, Prag, CZ
Datenregistrierung / Elektrophysiologie	pCLAMP AxoScope 8.1	Axon Instruments, Union City, USA
Datenauswertung / Elektrophysiologie	pCLAMP Clampfit 8.1	Axon Instruments, Union City, USA
Datenanalyse / Statistik	Prism for Windows 5.02	GraphPad Software, La Jolla, USA
Tabellenkalkulation	Excel 2003	Microsoft, Seattle, USA

Blutzusammensetzung von *Hirudo*, Literaturdaten

Tabelle 16: Blutzusammensetzung von *Hirudo* im Ruhezustand. Literaturdaten.
SCCAs: short chain carboxylic acids (kurzkettige Carbonsäuren)
Konzentrationen in mmol/l, Osmolarität in mOsm/l, Proteingehalt in Gewichtsprozent.

Parameter	Nicholls & Kuffler (1964)	Boroffka (1968)	Zerbst-Boroffka (1970)	Zebe et al. (1981)	Hildebrandt & Oeschger (1987)	Hoeger et al. (1989)	Hildebrandt & Zerbst-Boroffka (1992)	Nieczaj & Zerbst-Boroffka (1993)	Schmidt & Zerbst-Boroffka (1993)
$[Na^+]$	130	125	136	–	–	–	125	125	128
$[K^+]$	4,1	–	6,0	–	–	–	5,7	6,5	–
$[Ca^{2+}]$	–	–	–	–	–	–	0,5	0,5	–
$[Mg^{2+}]$	–	–	–	–	–	–	0,6	0,5	–
$[Cl^-]$	–	36	–	–	–	–	41	40	47
$[PO_4^{3-}]$	–	–	0,7	–	–	–	1,1	–	–
$[NH_4^+]$	–	–	–	–	–	–	–	–	0,29
$[NO_3^-]$	–	–	0,45	–	–	–	–	–	–
$[SO_4^{2-}]$	–	–	< 5	–	–	–	–	–	–
$[HCO^{3-}]$	–	–	10	–	–	–	8,4	–	–
[Citrat]	–	–	5,1	0,29	< 0,2	–	< 0,1	0,2	–
[α-Ketoglutarat]	–	–	1,5	1,3	–	3,7	3,2	2,9	–
[Laktat]	–	–	14	2,3	3…7	1,1	< 1,0	5,1	1,67
[Pyruvat]	–	–	0,09	–	–	–	0,2	0,3	–
[Fumarat]	–	–	10	1,3	1…2	3,5	2,2	2,4	–
[Succinat]	–	–	15	1,4	3…5	0,9	0,6	2,1	–
[Malat]	–	–	–	9,4	7…13	28	15	12	–
[Propionat]	–	–	–	–	–	–	< 1,0	–	0
[Glukose]	–	–	–	0,3	–	–	–	–	–
[Aspartat]	–	–	–	0,16	–	–	–	–	–
[Glutamat]	–	–	–	0,55	–	–	–	–	–
[SCCAs]	–	–	–	–	–	–	–	–	24
Proteingehalt	–	–	11%	–	–	–	–	–	
Osmolarität	202	–	–	–	–	–	200	201	198
pH	–	–	7,42	–	–	–	7,75	7,6	–

Blutersatzlösungen von Falkenberg (2009) und Zokoll (2010)

Tabelle 17: Zusammensetzungen von Blutersatzlösung nach Zerbst-Boroffka (BEL-ZB ; Falkenberg 2009) und von reduzierten BEL mit nur einem organischen Säurerest (Zokoll 2010). Konzentrationen in mmol/l

Substanz	BEL-ZB	Citrat-BEL	Fumarat-BEL	Succinat-BEL	Laktat-BEL
NaCl	30	80	70	70	75
KCl	4	4	4	4	4
$CaCl_2$	2	2	2	2	2
$MgCl_2$	1	1	1	1	1
HEPES	10	10	10	10	10
Na_3-Citrat	5	5	–	–	–
Na_2-Fumarat	10	–	10	–	–
Na_2-Succinat	15	–	–	15	–
Na-Laktat	10	–	–	–	10
PH	7,4	7,4	7,4	7,4	7,4

Corrigenda

Diese Corrigenda sind kein Originalbestandteil der ursprünglichen Diplomarbeit, wie sie am 13.09.2011 an der Heinrich-Heine-Universität Düsseldorf eingereicht wurde.

In der vorliegenden Ausgabe der Diplomarbeit wurden im Vergleich zur eingereichten Variante einige Korrekturen bzw. Änderungen vorgenommen. Diese sind im einzelnen.

1. Rechtschreibkorrekturen

Diverse Rechtschreibkorrekturen wurden durchgeführt.

2. Korrigiertes Fazit zu Ionen im Blutegelblut

In der Diplomarbeit vom 13.09.2011 ist auf Seite 7 folgende Aussage enthalten:

„Zusammenfassend lässt sich nach aktueller Datenlage zur Zusammensetzung des Blutegelblutes feststellen, dass Malat mit ~ 15 mM das häufigste Anion, Cl^- mit ~ 40 mM das haufigste Kation ist."

Korrekt muss der Satz aber lauten:

„Zusammenfassend lässt sich nach aktueller Datenlage zur Zusammensetzung des Blutegelblutes feststellen, dass Malat mit ~ 15 mM das häufigste Anion, Na^+ mit ~ 130 mM das häufigste Kation ist."

2. Korrigierte E_m-Werte in Tabelle

In der Diplomarbeit vom 13.09.2011 ist auf Seite 20 folgende Tabelle (Tab. 4) enthalten:

Tabelle 4: Ruhemembranpotential (in mV) der Retzius-Neuronen in den vier verwendeten Aufbewahrungsmedien in Abhängigkeit vom Alter des Präparats. schwarz: spontane APs ; grau: keine spontanen APs Mittelwerte ± Standardabweichung aus $n = 5 - 13$ Messungen. (n in Klammern)

Tag nach Präparation	E_m in mV			
	NSL	Glucose-NSL	Pyruvat-BEL	Malat-BEL
0	- 48,1 ± 3,1 (12)	- 48,8 ± 2,0 (9)	- 49,5 ± 3,5 (9)	- 48,0 ± 3,1 (10)
1	- 49,9 ± 2,9 (11)	- 49,0 ± 2,7 (8)	- 48,6 ± 2,7 (10)	- 46,6 ± 2,4 (10)
2	- 28,6 ± 3,3 (11)	- 26,5 ± 1,5 (9)	- 43,0 ± 10,5 (10)	- 47,0 ± 3,8 (9)
3	- 13,8 ± 2,8 (10)	- 15,2 ± 3,8 (9)	- 37,4 ± 16,7 (10)	- 45,6 ± 4,5 (8)
4	–	–	- 32,7 ± 5,2 (9)	- 43,9 ± 2,7 (8)
5	–	–	- 23,3 ± 5,4 (10)	- 43,8 ± 1,9 (11)
6	–	–	- 22,0 ± 2,8 (10)	- 42,8 ± 3,5 (12)
7	–	–	–	- 40,3 ± 2,4 (13)
8	–	–	–	- 36,8 ± 3,1 (10)
9	–	–	–	- 33,2 ± 3,6 (9)
10	–	–	–	- 21,4 ± 3,9 (5)

Die in der Spalte „Pyruvat-BEL" aufgeführten Werte sind aufgrund eines Übertragungsfehlers während der Auswertung falsch. Die korrekten aus den Rohdaten ermittelten Werte lauten:

Tag nach Präparation	E_m in mV
	Pyruvat-BEL
0	-48,0 ± 4,5 (8)
1	-47,7 ± 3,7 (10)
2	-47,5 ± 4,5 (10)
3	-45,6 ± 3,3 (10)
4	-33,6 ± 4,9 (9)
5	-22,6 ± 4,3 (10)
6	-20,8 ± 3,4 (10)

Die zu Tab. 4 gehörige Abbildung auf Seite 21 im Original (Abb. 6) gibt die letzteren Werte wieder und ist korrekt.

3. Korrigierte Bezeichnung in Tabelle

In der Diplomarbeit vom 13.09.2011 ist auf Seite 53 folgende Tabelle (Tab. 15) enthalten:

Tabelle 15: Software. Bezeichnung & Hersteller.

Gerät	Typenbezeichnung	Hersteller
Mikroskopsteuerung / Imaging	NIS-Elements AR 3.1	Laboratory Imaging, Prag, CZ
Datenregistrierung / Elektrophysiologie	pCLAMP AxoScope 8.1	Axon Instruments, Union City, USA
Datenauswertung / Elektrophysiologie	pCLAMP Clampfit 8.1	Axon Instruments, Union City, USA
Datenanalyse / Statistik	Prism for Windows 5.02	GraphPad Software, La Jolla, USA
Tabellenkalkulation	Excel 2003	Microsoft, Seattle, USA

Korrekt muss es aber Zeile der Tabelle aber lauten:

Tabelle 18: Software. Bezeichnung & Hersteller.

Software	Programmbezeichnung	Herstelle

6. Veränderte Abbildungen

Alle im Original farbig gesetzten Abbildungen wurden für dieses Buch in Graustufen ausgeführt.